Akira Matsui

Efeitos da barragem na comunidade aquática a jusante no Japão

AF524515

Akira Matsui

Efeitos da barragem na comunidade aquática a jusante no Japão

ScienciaScripts

Imprint
Any brand names and product names mentioned in this book are subject to trademark, brand or patent protection and are trademarks or registered trademarks of their respective holders. The use of brand names, product names, common names, trade names, product descriptions etc. even without a particular marking in this work is in no way to be construed to mean that such names may be regarded as unrestricted in respect of trademark and brand protection legislation and could thus be used by anyone.

Cover image: www.ingimage.com

This book is a translation from the original published under ISBN 978-3-659-55644-9.

Publisher:
Sciencia Scripts
is a trademark of
Dodo Books Indian Ocean Ltd. and OmniScriptum S.R.L publishing group

120 High Road, East Finchley, London, N2 9ED, United Kingdom
Str. Armeneasca 28/1, office 1, Chisinau MD-2012, Republic of Moldova, Europe
Printed at: see last page
ISBN: 978-620-8-36549-3

Copyright © Akira Matsui
Copyright © 2024 Dodo Books Indian Ocean Ltd. and OmniScriptum S.R.L publishing group

Conteúdo

Dedicação

Gostaria de agradecer a Tatiana Melnic, editora de aquisições da LAP LAMBERT Academic Publishing, por me ter dado a oportunidade de publicar o meu livro.

Os meus agradecimentos especiais a Masami Matsui, Satoshi Matsui e Hajime Matsui, que são a minha mulher e os meus filhos, por apoiarem o meu estudo como um trabalho de vida.

Agradecimentos

Estou em dívida para com Shoici Yanagi e Masaya Otogawa, um diretor da sucursal da barragem de Oishi, Uetsu Office of Rivers and National Highways, Ministério da Terra, Infra-estruturas, Transportes e Turismo Hokuriku Regional Development Bureau, pelos valiosos dados sobre o caudal de entrada, o caudal de saída e a qualidade da água da barragem de Oishi. Gostaria de agradecer a Masayoshi Satoh, professor honorário da Universidade de Tsukuba, que foi o meu orientador na altura do doutoramento e professor da minha vida académica, por ter ensinado a postura para o estudo. Quero exprimir a minha gratidão a Yohei Sato, professor honorário da Universidade de Tóquio, que foi meu orientador durante o curso de mestrado e que me apoiou nos estudos posteriores. Estou em dívida para com Hiroshi Moriyama, investigador honorário do Instituto Nacional de Ciências Agro-Ambientais, por me ter ensinado o conceito de investigação ecológica. Gostaria de agradecer aos funcionários da Keifuku Consultant Co. Ltd. por cuidarem da minha vida em sociedade.

Introdução

Os lagos submersos são lagos artificiais e lagos naturais. Os lagos artificiais (a seguir designados por barragem) são lagos construídos pelo homem e a maior parte deles são construídos na floresta. A barragem armazena temporariamente a água da chuva e abre as comportas quando necessário. A barragem tem um papel importante no controlo das inundações, na utilização da água e na preservação do ambiente. A barragem polivalente combina estas funções. Levantei o problema da barragem como tese de licenciatura e comecei a vida académica desde essa altura.

No que se refere aos lagos naturais do Japão, o lago Biwa é o maior e o lago Kasumigaura o segundo, sendo geridos como barragem polivalente. Ambos são geridos pela Agência da Água do Japão. O lago Biwa é gerido pela lei sobre medidas especiais relativas ao desenvolvimento global do lago Biwa e o lago Kasumigaura funciona como uma instalação de controlo do nível da água.

A legislação sobre barragens é escassa, e as alterações legais abrangentes que têm como objetivo a preservação do ambiente não são implementadas. Muitas vezes, a barragem é construída numa zona de média montanha, e têm sido apontados problemas de transferência, de compensação, de qualidade da água, ambientais, etc.

Recentemente, a fim de preservar a ecologia do rio a jusante, foi posta em prática a instalação de um sistema de retirada selectiva ou a tentativa de descarga repentina e de eliminação de areias através de uma gestão flexível da barragem que comporta a utilização da capacidade de controlo das cheias. A lei relativa aos rios e a lei relativa ao melhoramento dos terrenos do Japão foram alteradas em 1997 e 2001 para preservar os ecossistemas fluviais e os ecossistemas dos arrozais. Por outro lado, as acções para preservar a ecologia do rio a jusante da barragem são lentas.

Embora este conteúdo já esteja publicado em revistas científicas, também acrescentou novas ideias. Como os cidadãos comuns têm menos oportunidade de ver as revistas, resumi o livro com o objetivo de alargar os meus conhecimentos e novas ideias. Fico feliz se os leitores tiverem uma nova perspetiva sobre a ecologia do rio a jusante da barragem com base nos conhecimentos aqui obtidos. Além disso, quero dar uma oportunidade às crianças que viverão no futuro de compreenderem o estado atual do ecossistema rural no Japão e de construírem uma sociedade sustentável no mundo.

março de 2016

Akira Matsui

1 Situação atual da barragem no mundo

De acordo com o padrão mundial de barragens, a Comissão Internacional de Grandes Barragens (ICOLD) definiu como uma barragem com mais de 5 metros de altura ou mais de 3 milhões de metros cúbicos de capacidade de armazenamento de água. As barragens com mais de 15 metros de altura são definidas como barragens altas, e as barragens com menos de 15 metros são definidas como barragens baixas.

A integridade ecológica dos ecossistemas fluviais depende do seu carácter dinâmico natural (Poff et al. 1997). Foram efectuados muitos estudos sobre a influência das alterações do regime fluvial na ecologia dos rios. Por exemplo, um desses estudos concluiu que, em resultado da construção da barragem de Glen Canyon no rio Colorado em 1963, a acumulação de areia no canal diminuiu, afectando o habitat pouco profundo e de baixa velocidade nos remoinhos utilizados pelos peixes juvenis. Outro estudo revelou que a construção de uma barragem no rio Danúbio, no início da década de 1970, provocou uma redução de dois terços da carga de silicatos dissolvidos no rio. Este facto parece ter sido responsável por mudanças dramáticas na composição das espécies de fitoplâncton, de diatomáceas (siliciosas) para coccolitóforos e flagelados (não siliciosos) (Humborg et al. 1997).

Outros trabalhos de investigação procuraram formas de atenuar esses impactos. Foi efectuada uma inundação controlada no Grand Canyon, numa tentativa de restaurar a ecologia do rio ao seu estado original (Poff et al. 1997). A remoção de barragens tem desafiado fortemente a restauração de rios na América, e afecta não só o biota aquático mas também os habitats ribeirinhos associados às margens dos rios e às planícies aluviais (Hart e Poff 2002). O processo de remoção de barragens tem sido analisado em pormenor (Gregory et al. 2002; Hart et al. 2002; Pizzuto 2002; Rood et al. 2003; Shafroth et al. 2002; Stanly e Doyle 2002). Uma grande quantidade de estudos sobre a relação entre a saúde das populações de peixes e a construção de barragens foi realizada nos EUA (Dambacher 2001; Goodwin et al. 2014; Hilborn 2013; Jackson et al. 2001; Kareiva et al. 2000; Mann e Plummer 2000; Rechisky et al. 2013; Travis et al. 2014).

2 Situação atual da barragem no Japão

De acordo com a legislação japonesa, os lagos submersos com mais de 15 metros de altura são designados por barragens. No Japão, a investigação sobre a influência da construção de barragens só foi iniciada recentemente. Em 1985, foi construída a primeira barragem com uma comporta de descarga em Dashidaira, no rio Kurobe, na prefeitura de Toyama. Os sedimentos da barragem foram descarregados pela primeira vez em 1991. Após esta primeira descarga, os peixes bentónicos diminuíram ano após ano na Baía de Toyama (Tazaki et al. 2002; Tazaki et al. 2003).

Em 1997, a Lei dos Rios foi revista para permitir não só o controlo das cheias e o abastecimento de água, mas também a conservação da natureza dos rios. Tanida e Takemon (1999) relataram como os processos funcionais das barragens afectam as comunidades de bentos. A gestão flexível da barragem, incluindo a utilização da capacidade de controlo das cheias, tem sido implementada desde 2001, a fim de preservar a ecologia do rio a jusante. Começaram a ser realizados ativamente estudos sobre a flutuação do caudal (Adachi e Takahashi 1996; Emula et al. 1997; Minagawa et al. 2000; Osugi et al. 2000a; Osugi et al. 2000b; Tsujimoto et al. 1999; Yasuda et al. 1998). No entanto, não foi possível prever exatamente como o sistema responderia a uma inundação artificial. Shirakawa (2006) tentou clarificar os impactos dos impulsos de inundação de um ponto de vista estatístico. Uma avaliação do impacto da remoção da barragem de Arase no rio Kuma, Kyushu, Japão, está a decorrer desde 2012 (Ohtsuki et al. 2012).

Foi concebido um sistema de retirada selectiva para minimizar o impacto da construção da barragem. A água das albufeiras das barragens difere das camadas superior, média e inferior em termos de temperatura e turvação da água. O objetivo dos sistemas de captação selectiva é ajustar estes diferentes aspectos da profundidade da água, alterando a localização da captação de acordo com a situação medida em relação à água fria e turva a jusante. Na realidade, porém, apesar de a barragem dispor de um sistema de captação selectiva, os sistemas de captação de águas superficiais são frequentemente aplicados com regularidade para evitar as águas frias e turvas. Nos últimos anos, foram reconhecidos os problemas causados pelas águas quentes. Assim, o funcionamento dos sistemas de captação selectiva deve ser examinado mais de perto (Yajima et al. 2006).

3 Estudo de caso de uma barragem no Japão

Escolhi o Lago Biwa (Prefeitura de Shiga, Japão) como lago natural e a Barragem de Oishi (Prefeitura de Niigata, Japão) como lago artificial (**Fig. 1**). Avaliei o controlo do nível da água do Lago Biwa sobre as macrófitas submersas no rio Seta e os efeitos da barragem de Oishi sobre as comunidades de macroinvertebrados a jusante.

Fig. 1 Localização das áreas de estudo; (a) Lago Biwa, (b) Barragem de Oishi

3-1 Lago natural; Lago Biwa

Matsui (2014) publicou o conteúdo deste estudo conforme descrito abaixo.

3-1-1 Introdução

O rio Seta é o único rio que flui do lago Biwa. O Ministério da Construção (1987) referiu que o rio Seta era originalmente estreito e pouco profundo. O nível das águas do lago Biwa costumava subir e inundar com frequência em épocas de águas altas porque a capacidade de descarga do rio Seta era demasiado pequena nessa altura. Como resultado do projeto de melhoramento do rio Seta, a capacidade de descarga do rio Seta aumentou. Assim, o nível máximo de água do lago Biwa baixou drasticamente.

A construção de um açude foi concluída em 1905. Como era acionado manualmente, a abertura e o fecho do açude demoravam muito tempo. O atual açude de Arai (ver **Fig. 2**) foi concluído 120 m a jusante do antigo açude em 1961. O Plano de Desenvolvimento Global do Lago Biwa foi realizado de 1972 a 1997. Depois disso, a biomassa de animais e plantas aquáticas no Lago Biwa tem vindo a alterar-se.

Por exemplo, Yamamoto et al. (2006) referiram os efeitos prováveis das manipulações artificiais do nível da água no lago Biwa, iniciadas em 1992 para evitar inundações, nas larvas de ciprinídeos. As reduções artificiais do nível da água resultaram provavelmente numa diminuição significativa do volume de águas pouco profundas no lago Biwa e podem estar relacionadas com o declínio drástico dos ciprinídeos.

Haga et al. (2006) salientaram que a quantidade de macrófitas submersas aumentou na bacia sul do Lago Biwa desde 1995. A área de distribuição das macrófitas submersas era de cerca de 27 km^2 entre 1930 e 1940 e de cerca de 23 km^2 em 1953. No entanto, foi registado um mínimo de 0,6 km^2 em 1964 e, entre 1964 e 1994, a área de distribuição não excedeu 6 km^2 . A área aumentou para 9 km^2 em 1995, para 16 km^2 em 1997, para 29 km^2 em 2000 e para 32 km^2 em 2001.

A exuberância de macrófitas submersas também se tornou um problema no rio Seta. Por conseguinte, efectuei um levantamento da distribuição e do habitat das macrófitas submersas no rio Seta. Com base nestes resultados, elucidei a relação entre a distribuição e o sedimento de fundo das macrófitas submersas. Além disso, fiz outras referências para controlar a exuberância das macrófitas submersas.

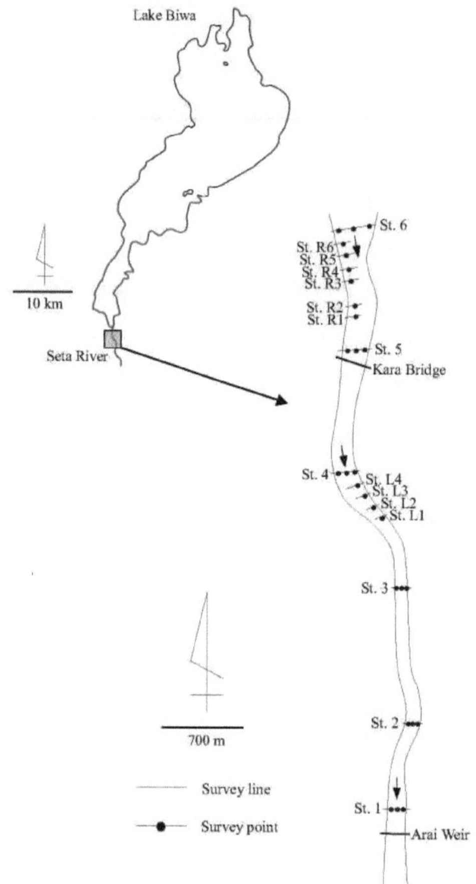

Fig. 2 Localização da área de estudo no rio Seta

Coluna *P* Projeto de desenvolvimento global do lago Biwa

O Conselho de Coordenação de Ligação para a Preservação Integral do Lago Biwa (2012) fez várias declarações importantes sobre as iniciativas de preservação integral do Lago Biwa, legando um Lago Biwa limpo às gerações futuras, como se segue.

Desde a antiguidade, o lago Biwa tem beneficiado continuamente a população da prefeitura de Shiga e da região de Kinki, contribuindo grandemente para o desenvolvimento e a prosperidade da região. Por outro lado, tem havido vários desafios relacionados com o lago: os residentes da zona do lago sofreram inundações e secas ocasionais. Além disso, o progresso da urbanização e da industrialização agravou o ambiente natural do lago e o ambiente de vida dos residentes. Desde o período de elevado crescimento económico do pós-guerra mundial, a procura de água aumentou na bacia do rio Yodo, impondo um fardo ainda maior ao lago Biwa como fonte de água essencial. Com este pano de fundo, o Projeto de Desenvolvimento Integral do Lago Biwa foi iniciado em 1972 como um projeto nacional em conformidade com a Lei Especial para o Desenvolvimento da Região do Lago Biwa. Para resolver vários problemas de uma forma holística e procurar o desenvolvimento económico tanto do curso superior como do curso inferior do rio Yodo, este projeto engloba políticas para promover a utilização eficaz da água, controlar as inundações e a seca e criar zonas ribeirinhas ricas em amenidades. Ao mesmo tempo, o Programa incorpora medidas para enfrentar os desafios ambientais, incluindo a deterioração da qualidade da água. A Lei Especial para o Desenvolvimento da Região do Lago Biwa foi prorrogada duas vezes; no total, o projeto esteve em funcionamento durante 25 anos civis, de 1972 a 1997.

Como resultado dos projectos implementados no âmbito do Projeto de Desenvolvimento Integral do Lago Biwa, o Lago Biwa e a bacia do rio Yodo obtiveram melhores infra-estruturas. A construção de diques e de instalações de drenagem interna resolveu os problemas das cheias; várias medidas adoptadas contra a seca permitiram um abastecimento constante de água. Dos 22 grandes projectos incorporados no projeto, 11 diziam respeito à conservação do ambiente, com o objetivo de melhorar a vida e o ambiente natural (**Figura 1**).

Em resultado do desenvolvimento global do Lago Biwa, o controlo do nível da água do lago tornou-se muito mais fácil, permitindo assim o controlo das inundações. Por exemplo, o projeto reduziu significativamente os danos causados pelas inundações, tanto em termos de área inundada como de número de casas inundadas acima e abaixo do nível do chão.

Em resultado do desenvolvimento global do Lago Biwa, o volume diário de água fornecido aumentou significativamente, assegurando um abastecimento de água estável para utilizações domésticas e industriais em toda a bacia.

Apesar do aumento da população da bacia hidrográfica do Lago Biwa, a qualidade da água melhorou significativamente em resultado de projectos de conservação da qualidade da água, incluindo a melhoria da construção de estações de tratamento de águas residuais, de instalações de tratamento de resíduos animais, de instalações de drenagem da comunidade agrícola e de estações de tratamento de resíduos. Estes projectos foram particularmente eficazes para melhorar a qualidade da água dos rios do Lago Sul, atenuando assim a eutrofização. Para permitir o acesso dos cidadãos ao lago, foram construídos parques urbanos e parques naturais ao longo da orla costeira. Além disso, os governos de vários níveis adquiriram áreas estratégicas à beira do lago para preservar a beleza cénica excecional, bem como o ambiente natural autóctone do lago.

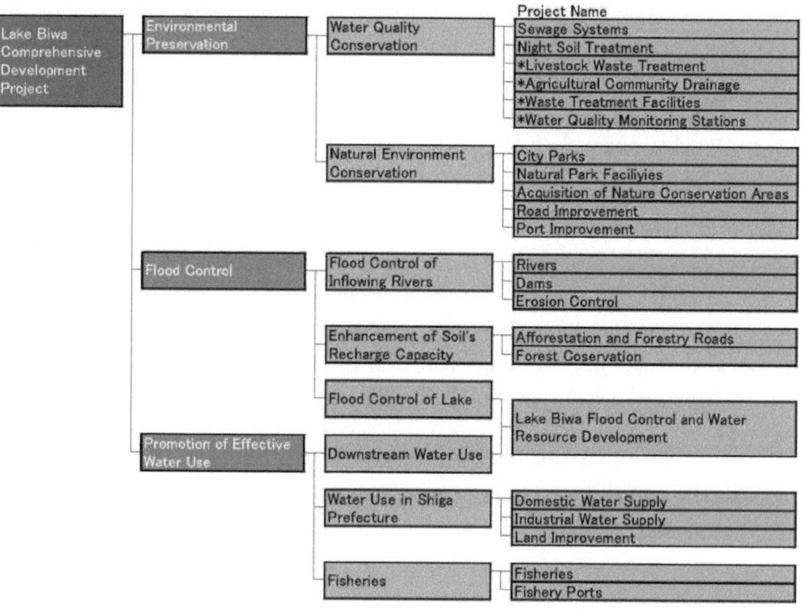

Figura de acompanhamento 1 Sistemas do projeto de desenvolvimento global do lago Biwa

3-1-2 Métodos

Estabeleci 16 linhas de prospeção no rio Seta, Prefeitura de Shiga, Japão. Estabeleci 6 linhas (St. R1-R6) apenas ao longo da margem direita, 4 linhas (St. L1-L4) apenas ao longo da margem esquerda e 6 linhas (St. 1-6) ao longo de ambas as margens. As linhas St. R1-R6 e St. L1-L4 tinham 1 ponto de observação em 1 linha de observação. As linhas St. 1-6 tinham 3 pontos de observação numa linha de observação (**Fig. 2**). Em cada ponto de observação, fiz o levantamento das macrófitas submersas e do sedimento de fundo. Realizei um levantamento de campo com amostragem em janeiro de 2009.

Para o estudo das macrófitas submersas, efectuei uma observação visual durante a operação de mergulho, utilizando um método de transecto de cintura. Determinei a percentagem do fundo do rio coberta por uma comunidade vegetal, a altura da comunidade vegetal e o nome da espécie.

Para o estudo dos sedimentos de fundo, efectuei medições com um amostrador de fundo colunar. No campo, medi os itens, potencial de oxidação-redução, cor do solo com tabelas de cores do solo revistas (Agriculture, Forestry and Fisheries Research Council 1986), cheiro do solo e tamanho das partículas por aspeto. No laboratório, medi os itens, perda por ignição, carência química de oxigénio, azoto total, fósforo total, sulfureto e carbono orgânico total dos solos. O método analítico para cada item foi baseado no método de levantamento de sedimentos de fundo (Environment Agency 1988).

Coluna 2 Método do transecto de correia

A Divisão de Avaliação do Impacto Ambiental, Gabinete de Planeamento e Coordenação, Agência do Ambiente (1996) foi descrita da seguinte forma para o método do transecto em faixa.

O método de transecto de cintura é realizado com o objetivo de compreender a flora e confirmar a posição de crescimento das espécies de atenção. O método de transecto de faixa consiste em traçar linhas de referência ao longo de um determinado grupo de plantas ou de parte do grupo, e investigar as parcelas da faixa ao longo das linhas de referência. Nesta base, podemos analisar as mudanças da população e da multidão em relação a mudanças incrementais nos factores ambientais, ou determinar os limites da população e da multidão (**Figura 2**).

Figura de acompanhamento 2 Paisagem da operação de mergulho utilizando um método de transecto de faixa

3-1-3 Resultados

3-1-3-1 Levantamento de macrófitas submersas

Coletei 9 espécies de macrófitas submersas durante a operação de mergulho (**Tabela 1**, **Fig. 3**). As macrófitas submersas foram observadas ao longo das margens em ambos os lados do rio, enquanto havia poucas macrófitas ao longo do centro do canal (**Tabela 2**). Duas espécies exóticas, *Egeria densa* e *Elodea nuttallii*, foram recolhidas em todas as linhas de prospeção, enquanto sete espécies domésticas, *Ceratophyllum demersum*, *Myriophyllum spicatum*, *Hydrilla verticillata*, *Vallisneria biwaensis*, *Vallisneria denseserrulata*, *Potamogeton maackianus* e *Potamogeton malaianus*, foram recolhidas em grandes quantidades nas linhas de prospeção perto do Lago Biwa (**Quadro 2**).

3-1-3-2 Levantamento dos sedimentos de fundo

As cores do solo das amostras de sedimentos de fundo recolhidas em St. L1, St. L2, St. L3 e St. L4 foram classificadas em Azul ou Verde Amarelo de acordo com as tabelas de cores de solo revistas. O fundo nestas estações estava coberto por solo coesivo ou solo fino (**Tabela 2**). Devido aos sedimentos finos, o oxigénio não foi fornecido ao solo nestas estações. Como resultado, o solo encontrava-se num estado reduzido, e estimei que o óxido férrico hidratado estava dissolvido no solo. O solo tinha um cheiro metálico, que provavelmente era o resultado da oxidação do óxido férrico hidratado. Como o potencial de oxidação-redução era negativo e o teor de sulfureto era elevado nestas estações cobertas de silte e argila, era evidente que estas estações eram ambientes pobres em oxigénio.

As concentrações de nitrogênio total, fósforo total, demanda química de oxigênio, perda por ignição, sulfeto e carbono orgânico total dos solos nas amostras de St. L2, St. L3, St. R3 e St. 4 foram relativamente maiores do que as das outras estações (**Tabela 3**). Os fundos destas estações estavam cobertos por solo coeso ou solo fino, provavelmente devido à baixa velocidade do caudal do rio. Este facto também causou a deposição de substâncias orgânicas nestas áreas.

Quadro 1 Espécies de macrófitas submersas recolhidas na zona de estudo

Espécies		Espécies domésticas ou espécies exóticas?
Nome científico	Nome japonês	
Ceratophyllum demersum	Matsumo	Espécies domésticas
Myriophyllum spicatum	Hozakinofusamo	Espécies domésticas

Egeria densa	Okanadamo	Espécies exóticas
Elodea nuttallii	Kokanadamo	Espécies exóticas
Hydrilla verticillata	Kuromo	Espécies domésticas
Vallisneria biwaensis	Nejiremo	Espécies domésticas
Vallisneria denseserrulata	Kogaimo	Espécies domésticas
Potamogeton maackianus	Senninmo	Espécies domésticas
Potamogeton malaianus	Sasabamo	Espécies domésticas

(a) *Ceratophyllum demersum*

(b) *Myriophyllum spicatum*

(c) *Egeria densa*

(d) *Elodea nuttallii*

(e) *Hydrilla verticillata*

(f) *Vallisneria biwaensis*

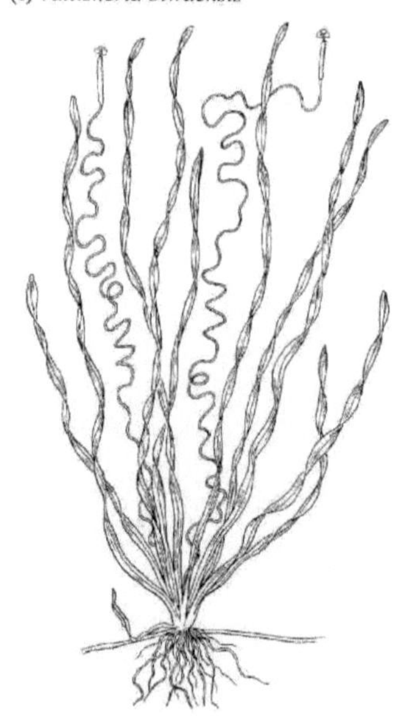

(g) *Vallisneria denseserrulata*

(h) *Potamogeton maackianus*

(i) *Potamogeton malaianus*

Fig. 3 Ilustrações de espécies de macrófitas submersas Estas ilustrações foram retiradas de Kadono (1989).

Table 2 Profundidade da água, sedimentos de fundo e espécies dominantes em cada ponto de observação

Linha de inquérito	Ponto de inquérito	Água profundidade (m)	Sedimento de fundo	Espécies dominantes
St. 1	Esquerda	5.40	Areia de cascalho com solo coeso	*Vallisneria denseserrulata*
	Centro	5.50	Areia e cascalho	Nenhum
	Certo	6.30	Areia de cascalho com solo coeso	*Egeria densa*
St. 2	Esquerda	4.20	Areia e cascalho	*Potamogeton maackianus*
	Centro	7.30	Areia de cascalho com solo coeso	Nenhum
	Certo	4.60	Areia e cascalho	Nenhum
St. 3	Esquerda	4.40	Areia e cascalho	*Potamogeton malaianus*
	Centro	7.00	Areia e cascalho	Nenhum
	Certo	6.30	Areia e cascalho	*Potamogeton maackianus*
St. 4	Esquerda	1.55	Areia com silte	*Potamogeton maackianus*
	Centro	6.40	Areia e cascalho	Nenhum
	Certo	2.50	Areia e cascalho	*Potamogeton maackianus*
St. 5	Esquerda	3.40	Areia e cascalho	*Egeria densa*
	Centro	2.90	Areia e cascalho	*Hydrilla verticillata*
	Certo	2.70	Areia de cascalho com solo coeso	*Vallisneria denseserrulata*
St. 6	Esquerda	2.50	Areia e cascalho	*Potamogeton malaianus*
	Centro	6.50	Areia e cascalho	*Egeria densa*
	Certo	1.10	Areia e cascalho	*Potamogeton maackianus*
São Luís L1	Esquerda	2.80	Solo fino	*Egeria densa*
São L2	Esquerda	2.10	Silte com areia	*Egeria densa*
Rua L3	Esquerda	1.90	Areia com silte	*Egeria densa*
Rua L4	Esquerda	2.65	Areia	*Potamogeton maackianus*
São R1	Certo	2.70	Areia com silte	*Egeria densa*
St. R2	Certo	2.85	Silte com areia	*Potamogeton maackianus*
Rua R3	Certo	2.60	Solo fino	*Egeria densa*
Rua R4	Certo	3.35	Areia com silte	*Egeria densa*
Rua R5	Certo	2.25	Areia com cascalho	*Egeria densa*
Rua R6	Certo	3.40	Solo fino	*Hydrilla verticillata*

Table 3 Componente do solo em cada ponto de observação

Linha de inquérito	Ponto de inquérito	Sulfureto (mg/g)	Azoto total (mg/g)	Fósforo total (mg/g)	Química procura oxigénio (mg/g)	Perda de ignição (%)	Carbono orgânico total (mg/g)
St. 1	Esquerda	0.03	0.42	0.31	6.1	2.1	3.6
	Centro	0.02	0.10	0.09	0.8	0.5	2.1
	Certo	0.02	0.09	0.11	0.7	0.7	2.0
St. 2	Esquerda	0.02	0.16	0.07	1.4	1.2	2.0
	Centro	0.02	0.36	0.13	2.6	1.4	3.6
	Certo	0.02	0.20	0.11	1.2	1.1	2.2
St. 3	Esquerda	0.02	0.11	0.04	0.7	0.7	1.8
	Centro	0.02	0.09	0.03	0.5	0.8	1.7
	Certo	0.02	0.12	0.08	0.9	0.8	1.9
St. 4	Esquerda	0.06	1.10	0.91	12.0	6.0	18.0
	Centro	0.02	0.10	0.16	1.0	0.7	2.4
	Certo	0.02	0.12	0.24	2.8	1.2	3.2
St. 5	Esquerda	0.02	0.15	0.63	1.6	1.3	2.8
	Centro	0.02	0.24	0.16	2.5	1.2	4.0
	Certo	0.02	0.77	0.21	8.1	2.4	7.9
St. 6	Esquerda	0.02	0.14	0.38	2.8	1.0	4.6
	Centro	0.02	0.08	0.44	1.1	1.1	2.8
	Certo	0.02	0.85	0.52	10.0	3.5	15.0
São Luís L1	Esquerda	0.02	0.92	1.00	8.0	3.1	10.0
São L2	Esquerda	0.17	3.90	1.70	15.0	11.2	36.0
Rua L3	Esquerda	0.39	1.60	1.00	15.0	8.5	29.0
Rua L4	Esquerda	0.04	0.86	0.74	8.8	3.9	12.0
São R1	Certo	0.02	0.09	0.12	3.7	1.3	3.9
St. R2	Certo	0.06	0.94	0.23	10.0	4.3	16.0
Rua R3	Certo	0.11	1.30	1.00	17.0	8.4	37.0
Rua R4	Certo	0.12	0.47	0.45	7.3	2.4	7.7
Rua R5	Certo	0.02	0.28	0.70	8.3	3.3	9.9
Rua R6	Certo	0.02	0.59	0.51	5.4	2.2	13.0

Coluna 3 *Ensrie dnnsa* como espécie exótica

O guia Web do Museu do Lago Biwa referiu *a Egeria densa* da seguinte forma

A distribuição da *Egeria densa* no Japão é em Kanto e, a oeste, em Honshuu, Shikoku e Kyushu. A caraterística da *Egeria densa* é a seguinte: propaga-se de forma anormal na água. Perturba a corrida de um navio. Em caso de mau estado, emerge na margem como alga flutuante e emite mau cheiro. Tem um comprimento total de 1 m e ramifica-se na parte superior do caule. Os seus caules são eriçados de maio a outubro, e as flores brancas desabrocham na água. É dióica, e apenas as plantas masculinas estão a invadir o Japão. Resiste a baixas temperaturas e à poluição da água. Invernam como algas flutuantes e propagam-se através de raízes adventícias. Por outro lado, produz os rebentos e invernam longe da estirpe. Por conseguinte, é possível espalhar os rebentos na primavera. Diz-se que foi trazida para as experiências de fisiologia na era Taisho, e era selvagem. Tornou-se um problema quando estava a florescer no Lago Biwa na década de 1970 (**Figura 3**).

Figura de acompanhamento 3 *Egeria densa* no lago Biwa

3-1-4 Discussão

3-1-4-1 Relação entre macrófitas submersas e sedimentos de fundo

O sedimento de fundo era solo coeso ou solo fino, em 13 locais de pesquisa, enquanto era cascalho de areia em 15 locais de pesquisa (**Tabela 4**). Quinze locais de pesquisa estavam na margem direita, no centro do fluxo e na margem esquerda, enquanto 13 locais de pesquisa estavam mais próximos do centro do fluxo. Como a velocidade do fluxo foi grande no centro do rio, o solo coesivo ou os depósitos de solo fino foram levados pelo fluxo.

A espécie dominante em solo coeso ou solo fino foi *Egeria densa*, e 64,2% da área foi coberta por macrófitas submersas, enquanto a espécie dominante em cascalho arenoso foi *Potamogeton maackianus*, e 39,2% da área foi coberta por macrófitas submersas (**Tabela 4**).

A Egeria densa foi recolhida em cascalho arenoso, mas *o Potamogeton maackianus* não foi recolhido em solo coeso ou em solo fino. Isto indica que *a Egeria densa* tem uma fertilidade elevada e pode sobreviver num ambiente pobre em oxigénio, enquanto *o Potamogeton maackianus* não pode sobreviver num ambiente pobre em oxigénio.

Quadro 4 Relação entre sedimentos de fundo e macrófitas submersas no rio Seta

Sedimento de fundo	Ponto de recolha	Percentagem coberta pela comunidade vegetal	Espécies dominantes
Solo coeso ou solo fino	13 Margem esquerda 5	64.2	*Egeria densa*
	Centro do fluxo 1		
	Margem direita 7		
Areia e cascalho	15 Margem esquerda 5	39.2	*Potamogeton maackianus*
	Centro de fluxo 5		
	Margem direita 5		

3-1-4-2 Fator de distribuição das macrófitas submersas

Haga et al. (2006) referiram que *Potamogeton maackianus* era dominante, e *Hydrilla verticillata, Ceratophyllum demersum, Egeria densa* e *Myriophyllum spicatum* eram também abundantes na bacia sul do lago Biwa no verão de 2002. Por conseguinte, pode supor-se que as macrófitas submersas da bacia sul do lago Biwa estão também a florescer no rio Seta.

A julgar pelo facto de a biomassa de *Egeria densa* estar negativamente correlacionada com o diâmetro do sedimento (Haga et al. 2006), pode dizer-se que *Egeria densa* utiliza solo coeso ou solo fino como habitat. Como *a Egeria densa* é uma invasora altamente competitiva (Yarrow et al. 2009), *a Egeria densa* será capaz de habitar ambientes em condições adversas onde as espécies domésticas não viverão.

Por outro lado, a biomassa de *Potamogeton maackianus* estava positivamente correlacionada com a relação média transparência/profundidade da água, sugerindo que *Potamogeton maackianus* tendia a crescer no fundo sob luz forte (Haga et al. 2006). Como *Potamogeton maackianus* foi a espécie dominante na areia de cascalho neste estudo, o fator de distribuição de *Potamogeton maackianus* pode envolver tanto as condições de luz como as condições do sedimento de fundo.

3-1-4-3 Influência das reduções artificiais do nível da água nas macrófitas submersas

O nível da água no Lago Biwa tem sido regulado pelo açude de Arai, construído 5 km a jusante no rio Seta para controlar o abastecimento de água e evitar inundações (Yamamoto et al. 2006). Esta manipulação artificial do nível da água é utilizada para criar uma redução de 20-30 cm de 15 de junho a 15 de outubro (**Fig. 4**). Devido a esta manipulação, uma grande quantidade de luz solar viaja para o fundo, o que faz com que as macrófitas submersas prosperem no verão. Esta manipulação foi iniciada em 1992 e, ao mesmo tempo, começou a exuberância das macrófitas submersas.

Por conseguinte, é desejável alterar esta manipulação artificial do nível da água para controlar a exuberância das macrófitas submersas. Por exemplo, é preferível adiar o período de descida da água de 15 de junho para 15 de julho, não só para controlar o crescimento excessivo de macrófitas submersas no início do verão, mas também para conservar a desova dos peixes. Quando as macrófitas submersas estão em quantidade suficiente, a velocidade do caudal no rio Seta é grande. O sedimento de fundo das macrófitas submersas é refrescado pelo caudal e, consequentemente, a biomassa das macrófitas submersas será mantida de forma adequada.

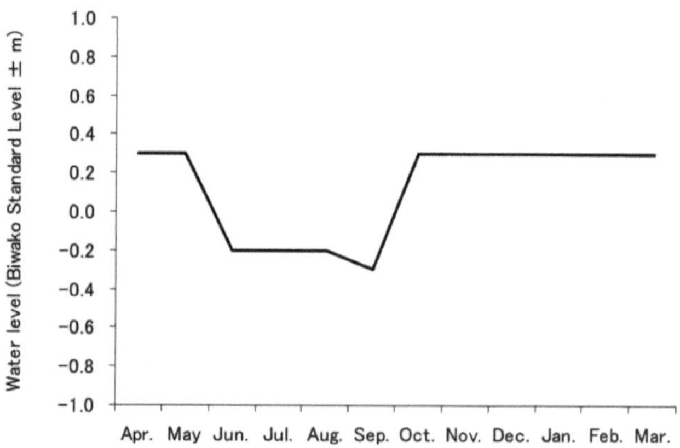

Fig. 4 Funcionamento do nível da água no lago Biwa

Coluna 4 Medidas de exuberância e remoção de macrófitas submersas na bacia sul do lago Biwa

A prefeitura de Shiga (2013) comunicou medidas de exuberância e remoção de macrófitas submersas na bacia sul do lago Biwa.

As macrófitas submersas no Lago Sul aumentaram subitamente na sequência da grande seca de 1994 e, desde então, o estado anormal das macrófitas submersas é cobrir cerca de 90% do fundo do lago no verão. A exuberância das macrófitas submersas causa problemas no ambiente natural e no sistema ecológico devido ao atraso da corrente do lago, tais como a deterioração da qualidade da água, massas de água com baixo teor de oxigénio na camada inferior e lamas no fundo do lago. Para além disso, a exuberância das macrófitas submersas provoca vários problemas no ambiente de vida, como o obstáculo à pesca e à navegação, e a ocorrência de odores associados à putrescência.

As medidas de remoção das macrófitas submersas foram efectuadas por dois métodos: a remoção desenraizada e a ceifa à superfície. A remoção desenraizada das macrófitas submersas foi efectuada a centenas de metros de largura na direção norte-sul para recuperar o fluxo estagnado do lago pelos barcos de pesca e pelas artes de pesca de arrasto de moluscos. Foram colocadas bóias no intervalo de 400 m × 500 m, e 40 barcos de pesca navegaram de montante para jusante (**Figura 4**). Para além disso, o habitat das macrófitas submersas na camada superficial (1,5 m de profundidade) foi ceifado pelo navio especial de ceifa de plantas aquáticas com excelente manobrabilidade (**Figura 5**). Também foi efectuada a ceifa manual em locais de águas pouco profundas onde o navio não navegou, como atividade de promoção especial de criação de emprego de emergência (**Figura 6**).

Figuras de acompanhamento 4 Paisagem de remoção de macrófitas submersas desenraizadas

Figuras de acompanhamento 5 Paisagem de macrófitas submersas ceifadas à superfície

Figuras de acompanhamento 6 Corte manual da paisagem de macrófitas submersas

Como resultado, o crescimento excessivo de novas macrófitas submersas foi suprimido na bacia hidrográfica em que a remoção desenraizada de macrófitas submersas foi implementada durante vários anos. Além disso, o ambiente do fundo do lago tem vindo a melhorar, uma vez que a zona pobre em oxigénio foi reduzida e a espata ressuscitou (**Figura** 7).

No entanto, as medidas de remoção das macrófitas submersas são apenas medidas de emergência, parecendo ser necessário aplicar as medidas fundamentais de gestão da água no lago Biwa. Em suma, é preferível adiar o período de esvaziamento de 15 de junho para 15 de julho, não só para controlar o crescimento excessivo de macrófitas submersas no início do verão, mas também para preservar a desova dos peixes. A Agência da Água do Japão aceita estes factos e deve rever a gestão da água.

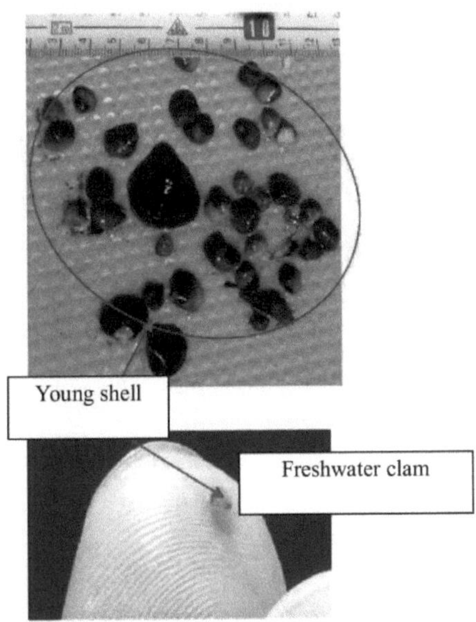

Figuras de acompanhamento 7 Concha jovem no lago Biwa

3-2 Lago artificial; barragem de Oishi

Matsui (2008) divulgou o conteúdo do presente estudo, a seguir referido.

3-2-1 Introdução

A interrupção dos ciclos biológicos e físicos e a diminuição da flutuação do caudal devido à construção de uma barragem têm danos catastróficos para os animais aquáticos (Morishita 2001; Okuma 1999). A alteração mais comum nas assembleias de macroinvertebrados a jusante é o aumento da densidade populacional e da biomassa, apesar da diminuição da diversidade de espécies (Tanida e Takemon 1999). Além disso, esta alteração é causada pelos seguintes factores: 1) controlo do caudal; 2) alteração da forma do canal; 3) alteração da temperatura da água; 4) ocorrência de turvação; 5) aumento do plâncton produzido na albufeira da barragem; 6) obstáculo ao movimento das comunidades de macroinvertebrados.

Desta forma, são considerados vários factores para o efeito da barragem sobre as comunidades de macroinvertebrados no rio a jusante. A causalidade deve ser esclarecida, mas falta um estudo de caso no Japão.

Neste estudo, concentro-me em particular na influência do fluxo de plâncton que foi produzido na albufeira da barragem. A construção da barragem de Sameura e o rico fornecimento de algas de plâncton que dela provém, provavelmente, favoreceram a colonização e a fixação de larvas *de Macrostemum* (Furuya 1998).

Neste estudo, comparo a biomassa de macroinvertebrados a montante e a jusante da barragem de Oishi (aldeia de Sekikawa, Prefeitura de Niigata, Japão) e considero os efeitos da barragem nas assembleias de macroinvertebrados a jusante, com especial incidência nos caddisflies de rede.

Coluna 5 Construção da barragem de Oishi

A sucursal da barragem de Oishi, Uetsu Office of Rivers and National Highways, Ministério da Terra, Infra-estruturas, Transportes e Turismo Hokuriku Regional Development Bureau homepage apresentou a barragem de Oishi da seguinte forma.

A barragem de Oishi está localizada no rio Oishi, afluente do rio Ara, que nasce em Oasahidake, no sul da província de Yamagata, atravessa o norte da província de Niigata e deságua no mar do Japão. A corrente fresca do rio Ara alimenta a bacia hidrográfica natural e tem humedecido a vida das pessoas. Por outro lado, o rio Ara provoca inundações frequentes e tem causado muitos danos. Em especial, a "cheia de Uetsu", ocorrida em 1967, causou danos devastadores em toda a bacia do rio Ara, numa escala sem precedentes. Por exemplo, 90 pessoas mortas ou desaparecidas, perturbação das redes de transporte como as estradas nacionais e os caminhos-de-ferro, escoamento das casas, deposição de sedimentos nos campos, etc. (**Figura 8**). A construção da barragem de Oishi foi iniciada como uma oportunidade para a "inundação de Uetsu", e concluída como uma instalação para proteger a vida e os bens da bacia do rio Ara em agosto de 1978.

A barragem de Oishi foi construída para efeitos de "controlo de cheias" e "produção de eletricidade", tendo sido a primeira barragem polivalente do Gabinete de Desenvolvimento Regional de Hokuriku do Ministério da Terra, Infra-estruturas e Transportes. Em caso de chuva forte, o caudal máximo de água (caudal máximo de projeto) que se prevê que flua a montante da barragem de Oishi é de 900 m^3 /s, não podendo fluir apenas 200 m^3 /s no máximo a partir da barragem. Assim, é possível armazenar 700 m^3 /s de água na barragem e proteger a jusante das inundações (**Figura 9**).

Figura 8 Situação dos danos causados pela inundação de Uetsu

Além disso, a Arakawa Hydro Electric Co. utiliza uma parte da água do reservatório da barragem de Oishi. Produz eletricidade com uma potência eléctrica máxima de 10 900 kW, utilizando a quantidade máxima de água de 15 m^3 /s na central eléctrica de Oishi, a cerca de 1 km a jusante da barragem (**Figura 10**).

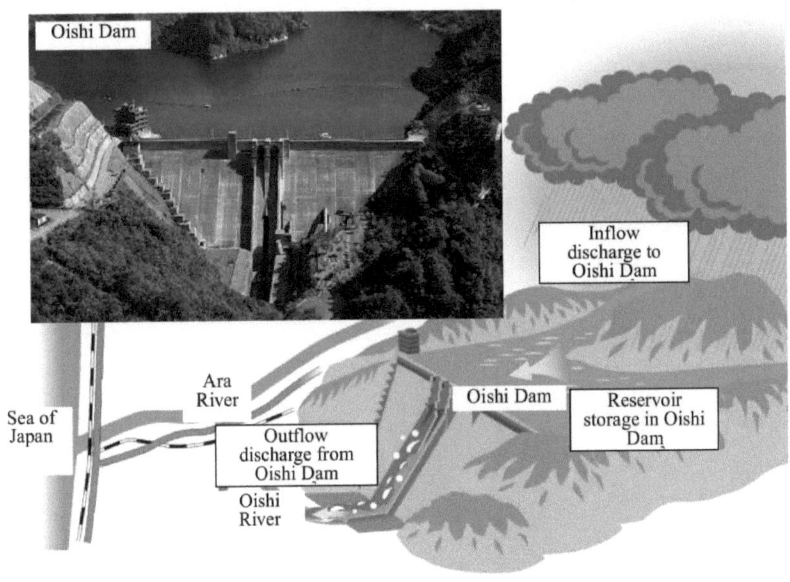

Figura de acompanhamento 9 Função de controlo das cheias na barragem de Oishi

Atividade de produção de eletricidade	Arakawa Hydro Electric Co., Ltd. Tipo de conduta da barragem

Formulário	
Potência de saída	Máximo; 10,900 kW
Volume de consumo de água Altura efectiva	Sempre; 1.300 kW
	Máximo; 15,00 m^3/s
	Sempre; 3,84 m^3/s
	Máximo; 87,20 m
	Sempre; 75,85 m

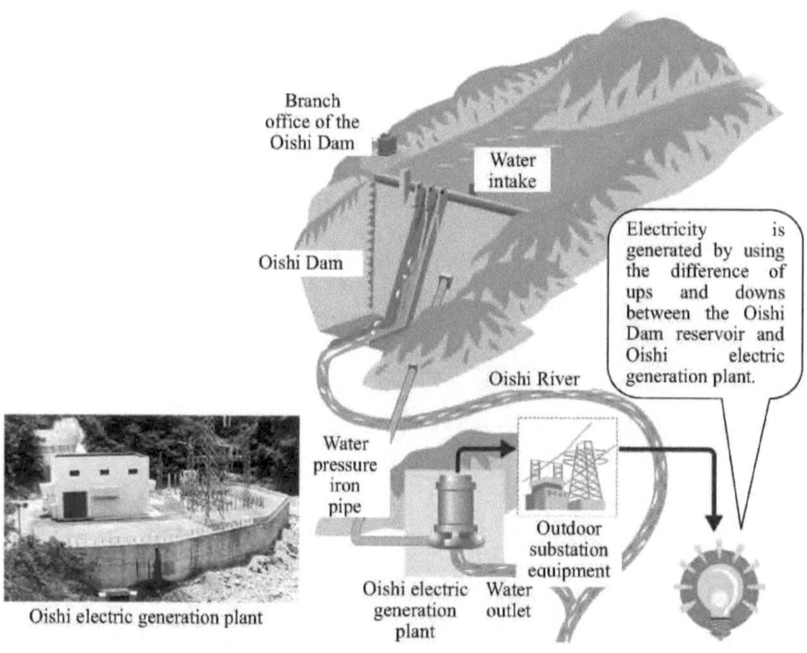

Figura de acompanhamento 10 Função de produção de eletricidade na barragem de Oishi

3-2-2 Métodos

3-2-2-1 Área de inquérito

O rio Oishi é um afluente do rio Ara que deságua no mar do Japão. A barragem de Oishi (38°01'50", 139°34'05"), destinada à produção de eletricidade, situa-se a cerca de 7,5 km a montante da confluência do rio Ara (**Fig. 5**). Barragem de Oishi: a altura da barragem é de 87,0 m; a altura do coroamento é de 187,0 m; o nível de água cheio nas cheias é de 184,5 m;

o nível de água cheio constante é de 184,0 m; o nível de água limitado nas cheias é de 155,0 m; o nível de água mais baixo é de 154,0 m; a capacidade total de armazenamento de água é de 22 800 000 m^3 foi construída em 1970 e concluída em 1978 como uma barragem polivalente que serve também para o controlo das cheias e para a produção de energia. As especificações da barragem de Oishi são apresentadas no **Quadro 5**.

Quadro 5 Especificações da barragem de Oishi

Armazenamento total da albufeira m^3) (A)	Área da bacia (10^3(km^2) (B)	(A)/(B) (10^{-2} m)	Objetivo*	Altura da barragem (m)	Superfície de água (ha)	Conclusão da construção (ano)	Instalações Superfície
22,800	69.8	327	F, P	87.0	110	1978	sistema de captação de água

Obtive estes dados a partir de barragens no Japão (página de acolhimento da Fundação de Barragens do Japão)

*F: Controlo de cheias, P: Produção de energia

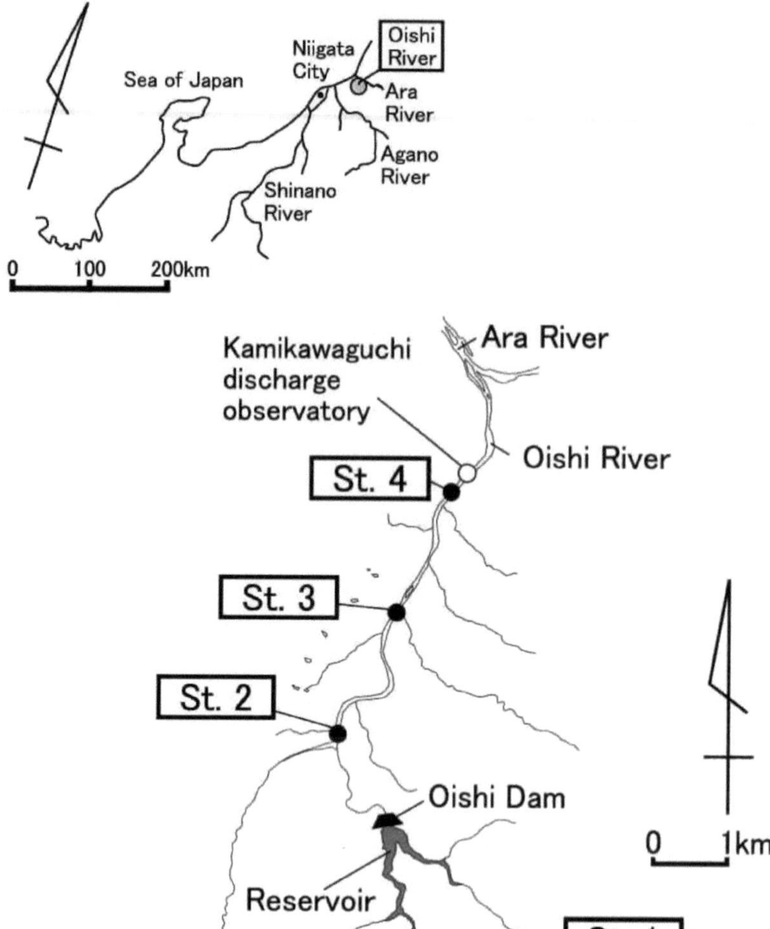

Fig. 5 Localização da área de estudo no rio Oishi

Na barragem de Oishi (145,0 m de altitude), são sempre despejados, no máximo, 15 m^3 /s no tubo de ferro de pressão da água para a produção de eletricidade. A água para a produção de eletricidade é utilizada na água de superfície da albufeira através de uma comporta de captação de água de superfície. A comporta de conduto é utilizada quando a quantidade de descarga é superior a 15 m^3 /s, e as comportas de crista são utilizadas em caso de emergência (**Fig. 6**).

O ponto 1 situa-se a 1,7 km a montante do remanso da barragem; o ponto 2 situa-se a 1,7 km a jusante do local da barragem, onde os caudais da albufeira são diretamente despejados no ponto através do tubo de ferro de pressão da água para a produção de eletricidade; o ponto 3 situa-se a 1,7 km a jusante do ponto 2, perto da ponte Kajikadani; o ponto 4 situa-se a 2,1 km a jusante do ponto 3, perto da ponte Kuratajima, próximo da confluência do rio Ara. **A Tabela 6** mostra a altitude, a largura do canal, o material do leito dominante e a morfologia do rio (Kani 1944) dos locais de estudo.

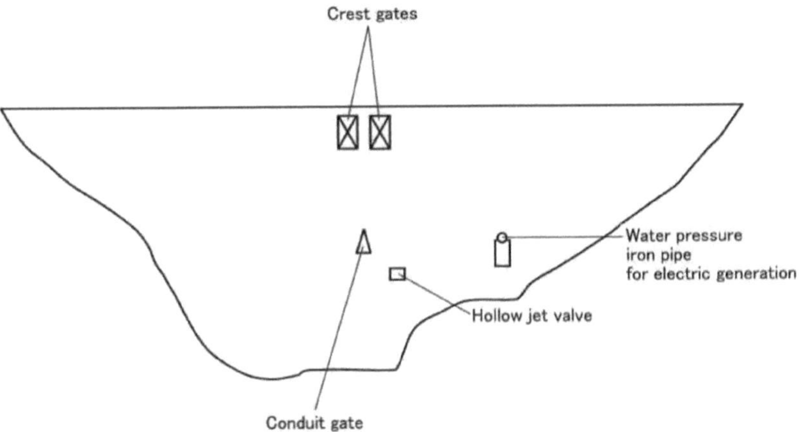

Fig. 6 Instalações de descarga da barragem de Oishi; tubagem de ferro de pressão de água para produção de eletricidade, válvula de jato oco, comporta de conduta e comportas de crista

Quadro 6 Caraterísticas físicas dos sítios de estudo

Local de estudo	Altitude (m)	Largura do canal (m)	Material de leito dominado	Morfologia do rio*
St. 1	200	10	Calçada	Aa
St. 2	100	30	Cascalho e areia	Bb
St. 3	80	40	Cascalho e areia	Bb
St. 4	60	50	Cascalho e areia	Bb

*A morfologia do rio foi determinada de acordo com Kani (1944)

A mudança sazonal no ambiente hidrológico do rio Oishi durante este estudo foi mostrada na **Fig.** 7. A quantidade anual de precipitação em 1994 foi de 2.017 mm, 78% da média dos últimos 25 anos. Tanto a descarga de entrada na barragem de Oishi como a descarga no rio Oishi aumentaram devido à influência do degelo no início de abril e da estação das chuvas no início de julho. Não foram observadas diferenças significativas no padrão de variação do caudal entre a montante e a jusante da barragem. Considero que a influência do controlo do caudal na barragem foi atenuada pelo afluxo dos afluentes.

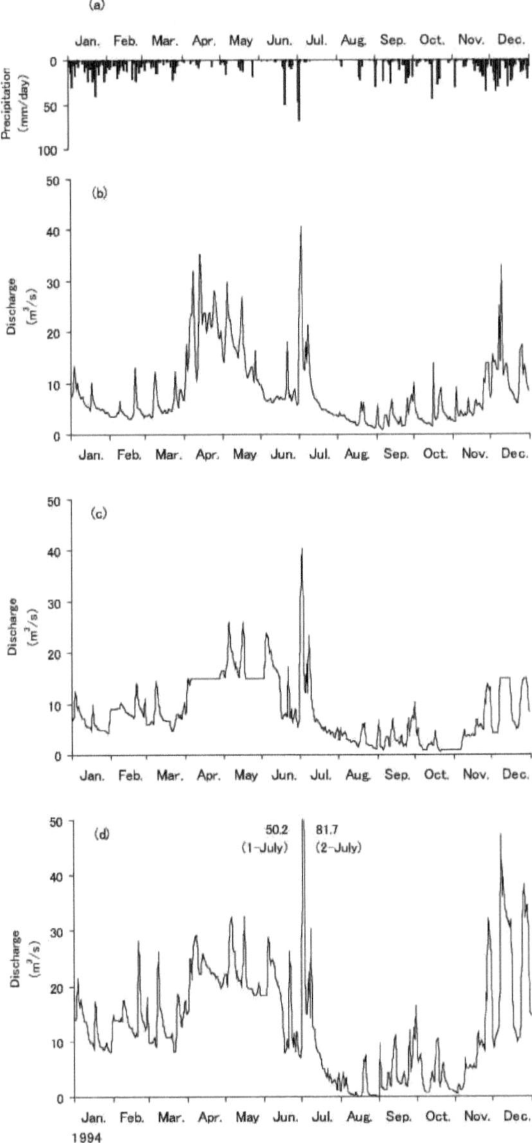

Fig. 7 Mudança sazonal nos ambientes hidrológicos no rio Oishi durante este estudo; (a) precipitação diária em Shimoseki, (b) descarga de entrada no reservatório de Oishi, (c) descarga de saída do reservatório de Oishi e (d) descarga no observatório de descarga de Kamikawaguchi (ver Fig. 5)

3-2-2-2 Qualidade da água, depósitos de superfície de pedra e levantamento de conjuntos de macroinvertebrados

A qualidade da água, os depósitos superficiais de pedra e o estudo das assembleias de macroinvertebrados foram investigados durante cerca de 20 dias por mês, de abril a dezembro de 1994. Além disso, o ponto 1 não pôde ser estudado em dezembro de 1994 devido à acumulação de neve. O levantamento foi efectuado a partir do ponto 1 em direção ao ponto 4. A hora de início do estudo no St. 1 foi aproximadamente às 9:00, no St. 2 foi por volta das 11:00, no St. 3 foi por volta das 13:00, no St. 4 foi por volta das 15:00.

Em cada local de estudo, medi a temperatura da água, o pH, o OD, a concentração de NO3-N, a concentração de clorofila a e a concentração de matéria orgânica sestónica na água do rio, bem como o peso da clorofila a e o peso da matéria orgânica nos depósitos de pedra à superfície do rio.

Medi a temperatura da água utilizando um termómetro, evitando a luz solar direta. O pH foi medido com um instrumento de medição colorimétrico (fabricado pela Toyo Roshi Kaisha, Ltd.) e o DO foi medido pelo método de Winkler. Levei as amostras de água de 10 L em garrafas de plástico para o laboratório para analisar a concentração de NO_3 -N, a concentração de chl. a e a concentração de matéria orgânica sestónica na água do rio. Além disso, trouxe as amostras de água recolhidas em garrafas de plástico para o laboratório para a análise do peso de chl. a e do peso da matéria orgânica nos depósitos de superfície das pedras no rio. As três pedras do tamanho de um punho (com cerca de 15 cm de diâmetro) foram recolhidas nos rápidos dos locais de estudo, tendo sido lavadas e raspadas com água destilada e uma escova de dentes, num quadrado de 5 cm × 5 cm para cada pedra.

Aspirei e filtrei a água utilizando um papel de filtro GF/C para medir a concentração de chl. a na água do rio e o peso de chl. a nos depósitos de superfície de pedra no rio. Após a extração com acetona, medi a absorvância utilizando um espetrofotómetro (fabricado pela Hitachi, Ltd., Modelo 200-10) e calculei utilizando o método dos três pontos (método UNESCO). Além disso, para medir a concentração de matéria orgânica sestónica na água do rio e o peso da matéria orgânica nos depósitos da superfície das pedras do rio, aspirei e filtrei a água utilizando papel de filtro GF/C previamente pesado, secando-a a 110 °C durante 2 horas e aquecendo-a a 450 °C durante 2 horas. Depois de libertar este filtro do frio, pesei-o e calculei a perda por ignição. O peso de Chl. a e o peso da matéria orgânica nos depósitos de superfície de pedra no rio são a média de 3 amostras em cada local de estudo. Preservei criogenicamente o filtrado na água do rio e medi a concentração de NO3-N pelo método da hidrazina.

Estabeleci arbitrariamente um quadrado de 50 cm × 50 cm nos rápidos onde a qualidade da água e os depósitos de superfície de pedra foram investigados. As quadrículas foram selecionadas em dois locais de cada sítio de estudo. Coloquei uma rede de arame do tipo pá de lixo (30 cm de frente, 60 cm de profundidade, 30 cm de altura) que foi aberta para montante e recolhi cascalho e areia tanto quanto possível, exceto a pedra que se afundava no interior. Os conjuntos de macroinvertebrados presentes nas colheitas foram lavados calmamente no balde de plástico com uma solução salina saturada. Filtrei a solução salina saturada utilizando uma gaze (rede de malha forte, MS70). Além disso, recolhi os macroinvertebrados na superfície da pedra com uma pinça. Em seguida, fixei os conjuntos de macroinvertebrados numa solução de formalina a 10 %.

Levei as amostras para o meu laboratório e procedi à sua classificação e distinção utilizando um estereomicroscópio, de acordo com Kawai (1985). Primeiro, classifiquei as amostras em Trichoptera e noutros grupos de macroinvertebrados. Além disso, as amostras de 4, 6, 8, 10 e 12 meses foram relegadas para Ephemeroptera, Plecoptera, Diptera, Megaloptera e outros. Quanto aos Trichoptera, dividi em caddisflies de rede; Stenopsychidae, Hydropsychidae e outros. A biomassa de cada ordem, Stenopsychidae e Hydropsychidae foi obtida através do peso húmido (g/m^2). Cada indivíduo das assembleias de macroinvertebrados foi limpo com papel de filtro e retirado o excesso de água. Foi pesado até 0,001 g por grupo taxonómico, utilizando uma balança eletrónica (fabricada pela Mettler-Toledo International Inc., PM400). Os indivíduos de Stenopsychidae foram classificados em *Stenopsyche marmorata* Navas e *Stenopsyche sauteri* Ulmer de acordo com Aoya e Yokoyama (1987). No entanto, não foi possível classificar os primeiros instares das duas espécies, pelo que foram agrupados como *Stenopsyche* spp. Calculei o número de indivíduos e determinei a densidade populacional ($No./m^2$) de *Stenopsyche marmorata*, *Stenopsyche sauteri*, primeiros instares de *Stenopsyche* spp. e Hydropsychidae. O peso húmido e a densidade populacional dos conjuntos de macroinvertebrados em cada local de estudo foram estimados com base no valor médio das duas amostras.

Coluna 6 Método Quadrat

Environmental Impact Assessment Division, Planning and Coordination Bureau,

Environment Agency (1996) foi descrita da seguinte forma para o método quadrático.

O método da quadrícula foi concebido para apreender o aspeto das espécies e a biomassa ambiental e sazonal dos conjuntos de macroinvertebrados por unidade de área. O método da quadrícula consiste geralmente em montar uma quadrícula de 50 cm × 50 cm e recolher quantitativamente os conjuntos de macroinvertebrados no quadro, utilizando uma rede de servidor ou uma rede de arame do tipo pá de lixo, e peneirar na zona de cascalho do leito do rio (**Figura 11**).

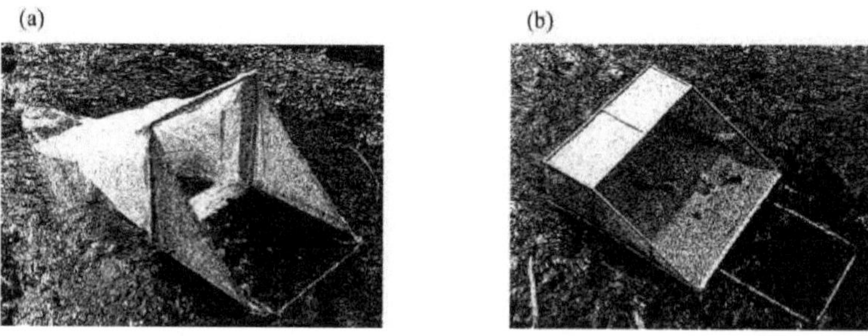

Figura 11 Método Quadrat; (a) rede de servidores, (b) rede de arame do tipo pá de lixo. Estas fotografias foram retiradas do Water Resources Environment Center (1994).

3-2-3-1 Qualidade da água e depósitos de pedra na superfície do rio Oishi

As alterações sazonais da temperatura da água em cada local de estudo são apresentadas na **Fig. 8**. A temperatura da água indicou uma tendência para ser grande em direção a jusante a partir de montante em cada mês. No entanto, a diferença de temperatura da água por comparação entre locais foi grande no verão e pequena no inverno.

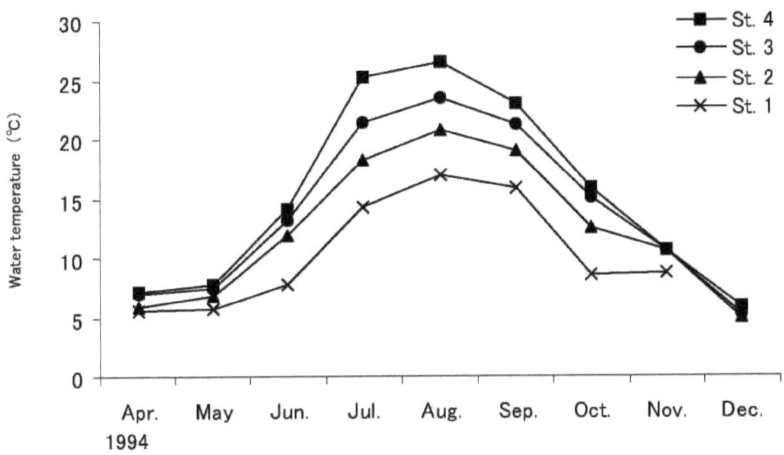

Fig- 8 Variação sazonal da temperatura da água nos locais de estudo

A média anual e o desvio padrão do pH, do OD e do NO3-N em cada local de pesquisa foram indicados na **Tabela 7**. Não se registou uma grande diferença na qualidade da água entre os pontos.

Quadro 7 Caraterísticas da água dos locais de estudo

Variável	A montante	A jusante		
	St. 1	St. 2	St. 3	St. 4
pH	7.0 (0.21)	6.9 (0.15)	7.0 (0.17)	7.1 (0.21)
DO (mg/L)	7.9 (0.90)	7.8 (1.08)	7.4 (1.08)	7.4 (1.26)
NO3-N (μ g/L)	219 (44.7)	207 (60.5)	211 (60.7)	240 (58.9)

Média anual e DP (entre parêntesis) são apresentados (n = 9)

As mudanças sazonais na concentração de chl. a e na concentração de matéria orgânica sestónica na água do rio em cada local de pesquisa foram mostradas na **Fig. 9**. A concentração de Chl. a no ponto 2-4 dos locais a jusante foi sempre maior do que no ponto 1 do local a montante (1,4-10 vezes). A mudança sazonal no ponto 2 foi a maior nos 3 locais a jusante. O valor no St. 3 e St. 4 excedeu o do St. 2 de abril a junho. Por outro lado, o valor no local 2 excedeu o valor no local 3 e no local 4 de julho a setembro. A concentração de matéria orgânica sestónica no ponto 2-4 dos locais a jusante tende a ser maior do que no ponto 1 do local a montante, exceto de abril a maio. A variação sazonal da concentração de matéria orgânica sestónica no ponto 2 foi a maior nos locais a jusante, de forma semelhante à concentração de chl. a. O valor no St. 2 foi maior de junho a setembro, e o do St. 4 foi maior em novembro.

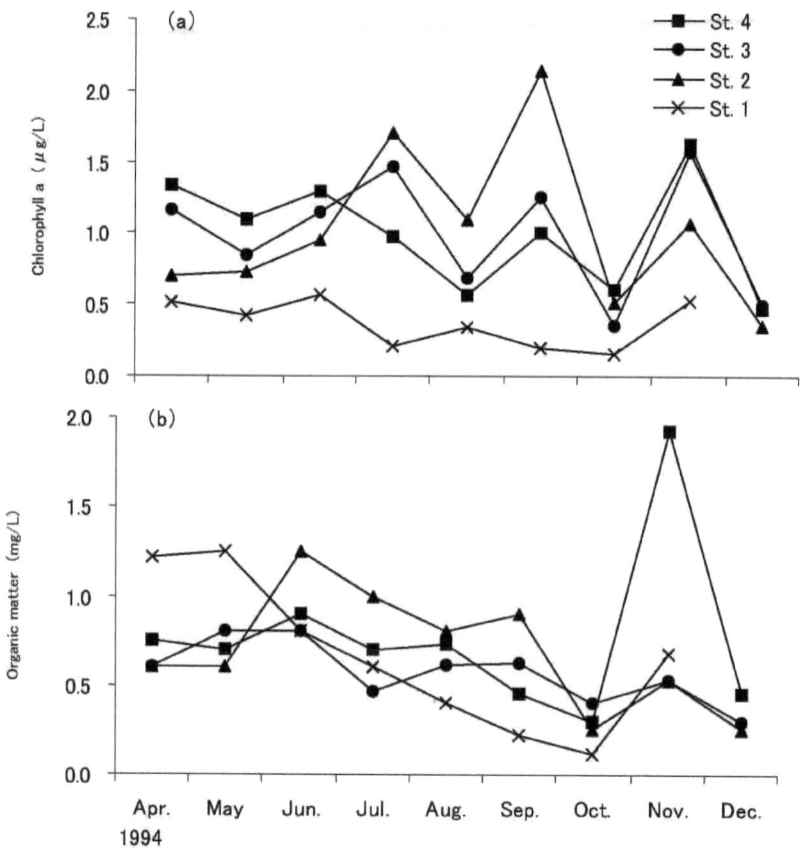

Fig. 9 Variação sazonal das concentrações na água do rio nos locais de estudo; (a) clorofila a, (b) matéria orgânica sestónica

As alterações sazonais do peso de chl. a e do peso da matéria orgânica nos depósitos de superfície de pedra em cada local de estudo foram apresentadas na **Fig. 10**. Os pesos de Chl. a nos locais 2-4 de jusante apresentaram um valor superior ao do local 1 de montante (2,3-12 vezes) de abril a maio, embora o valor de jusante não tenha admitido grande diferença com o de montante do verão para o inverno. Os pesos de Chl. a dos locais a jusante indicaram a tendência para diminuir no verão, e a alteração no local 2 foi particularmente grande. Os pesos da matéria orgânica nos pontos 2-4 dos locais a jusante eram apenas 36-72 % dos pesos do ponto 1 do local a montante, de abril a maio, mas o valor de jusante era superior ao de montante, do verão ao inverno. Em comparação com os locais a jusante, o valor no St. 4 foi inferior ao dos St. 2 e St. 3 de abril a maio. No entanto, o valor em St. 4 aumentou rapidamente em junho e apresentou um valor significativamente superior ao de St. 2 e St. 3 do verão para o inverno.

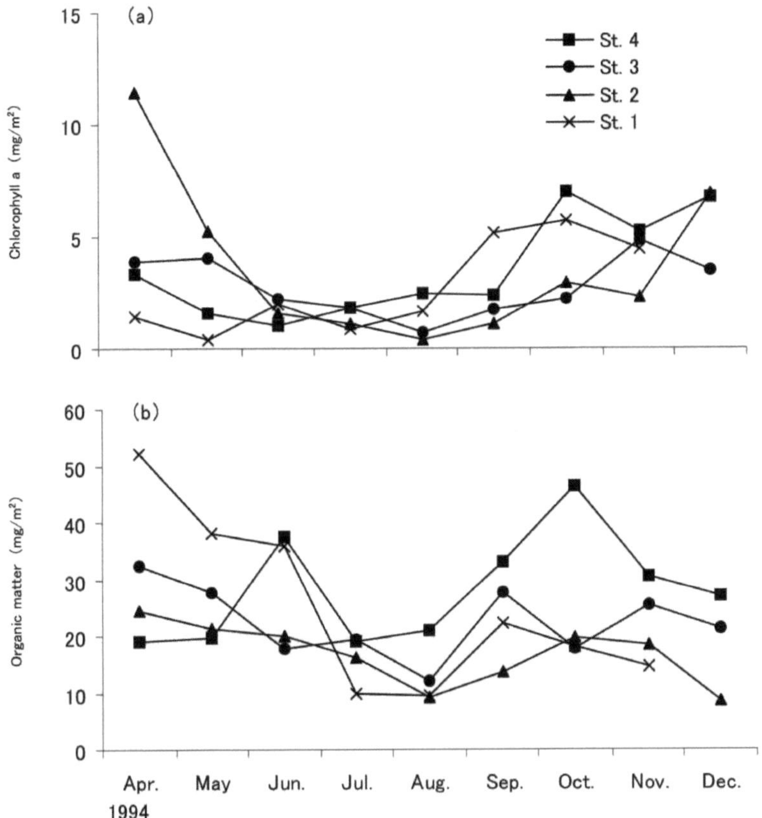

Fig. 10 Variação sazonal da biomassa de epilíton nos locais de estudo; (a) clorofila a, (b) matéria orgânica

3-2-3-2 Conjuntos de macroinvertebrados no rio Oishi

3-2-3-2-1 Comparação de sítios na estrutura da biomassa

A média anual e o desvio-padrão da biomassa dos conjuntos de macroinvertebrados (peso húmido) em cada local de estudo são indicados no **Quadro 8**. As médias anuais da biomassa total nos pontos 2-4 dos locais a jusante foram 5-13 vezes superiores às do ponto 1 do local a montante. Enquanto a biomassa de Trichoptera nos St. 2-4 representava mais de 74 % da biomassa total, a de Ephemeroptera e Plecoptera no St. 1 era de 54 % e 28 %, respetivamente.

No que se refere aos caddisflies, os caddisflies Stenopsychidae nos St. 2-4 dos locais a jusante representaram mais de 98 % da biomassa total, enquanto os Stenopsychidae e Hydropsychidae no St. 1 do local a montante representaram apenas 47 %. Na **Fig. 11** são apresentadas ilustrações de caddisflies que fiam a rede, Stenopsychedae e Hydropsychidae.

Tabela 8 Biomassa de macroinvertebrados (peso húmido) (g/m^2) nos sítios estudados

Encomendar	A montante	A jusante		
	St. 1	St. 2	St. 3	St. 4
Ephemeroptera	0.56 (0.34)	0.21 (0.10)	0.57 (0.40)	0.47 (0.37)
Plecópteros	0.29 (0.53)	0.02 (0.05)	0.02 (0.05)	0.10 (0.08)
Tricópteros	0.07 (0.08)	4.07 (0.67)	10.16 (10.76)	11.65 (7.64)
Dípteros	0.10 (0.13)	0.24 (0.26)	0.32 (0.23)	0.26 (0.16)
Megalópteros	-	0.89 (1.22)	0.08 (0.13)	0.56 (1.25)
Outros	0.00 (0.01)	0.08 (0.17)	2.56 (4.62)	0.22 (0.30)
Total	1.03 (0.76)	5.51 (1.14)	13.71 (14.36)	13.26 (7.63)

Média anual e DP (entre parêntesis) são apresentados (n = 5)

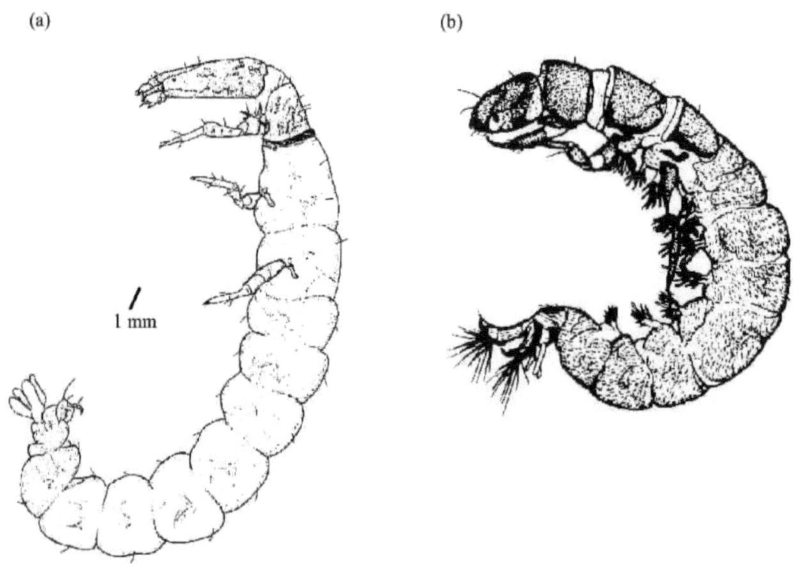

Fig. 11 Ilustrações de caddisflies que fiam em rede; (a) Stenopsychedae, (b) Hydropsychidae Estas ilustrações foram retiradas de Kawai e Tanida (2005).

3-2-3-2-2 Comparação dos sítios em termos de densidade de cada táxon de caddisflies com rede

A Fig. 12 mostra a variação sazonal da densidade de caddisflies com rede nos locais de estudo. As médias anuais da densidade de *Stenopsyche marmorata*, *Stenopsyche sauteri*, primeiros instares de *Stenopsyche* spp. e Hydropsychidae nos locais 2-4 a jusante foram superiores às do local 1 a montante, e indicaram 7-32 vezes, 14-42 vezes, 1,9-3,5 vezes e 1,7-3,1 vezes, respetivamente. As médias anuais da densidade de *Stenopsyche marmorata* nos St. 2 e St. 3 foram 4-5 vezes superiores às do St. 4. Por outro lado, a média anual da densidade de *Stenopsyche sauteri* no ponto 4 indicou 1,6-3 vezes mais do que no ponto 2 e no ponto 3. A média anual da densidade dos primeiros instares de *Stenopsyche* spp. foi muito elevada no ponto 2 de agosto a setembro. A média anual da densidade de Hydropsychidae não mostrou uma diferença notável entre os locais a jusante.

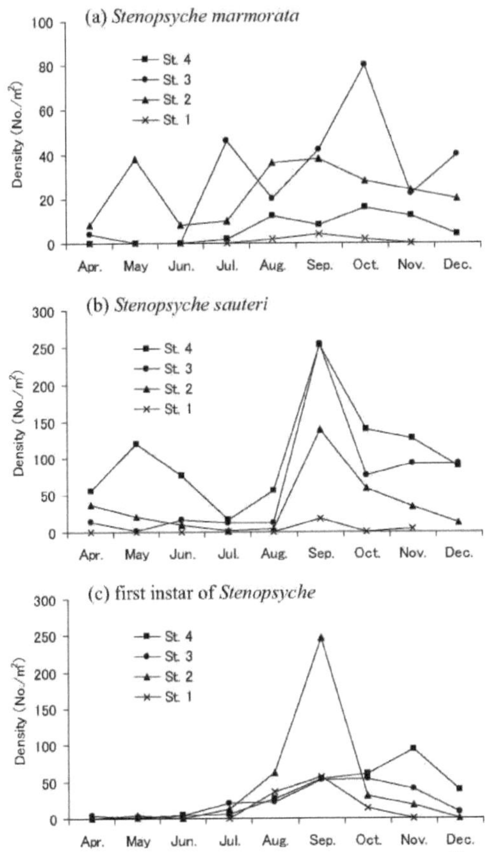

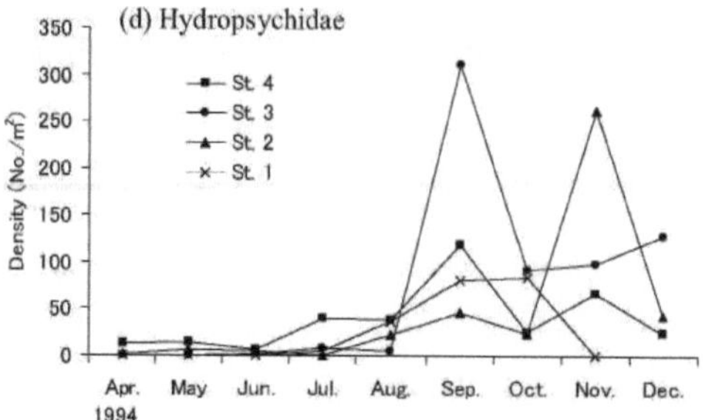

Fig. 12 Variação sazonal da densidade de caddisflies em rede nos locais de estudo; (a) *Stenopsyche marmorata,* (b) *Stenopsyche sauteri,* (c) primeiro instar de *Stenopsyche,* (d) Hydropsychidae

Coluna *P* Duas espécies de *Stenopsynee* spp. como caddisflies de rede

Tuda (1962) sugere o seguinte para os insectos aquáticos do Japão.

É possível partilhar um inseto aquático do Japão com o tipo de rede, o tipo de fixação, o tipo rastejante, o tipo portador de caixa, o tipo nadador e o tipo escavador, de acordo com a forma de vida. Os Stenopsychidae, Hydropsychidae, etc., pertencem ao tipo de rede; os Blephariceridae, Simuliidae, etc., pertencem ao tipo de fixação; os Heptageniidae, Dryopidae, Corydalidae, etc., pertencem ao tipo rastejante; muitos Trichoptera com um ninho tubular, etc., pertencem ao tipo portador de caixa; os Baetidae, etc., pertencem ao tipo nadador; os Ephemeridae, Gomphidae, Chironomidae, etc., pertencem ao tipo escavador.

Nos rápidos, em geral, os tipos de rede, de fixação e de rastejamento são muito numerosos, e os tipos de caixa, de natação e de escavação são pouco numerosos. Por outro lado, nas profundezas, os tipos rastejante, portador de caixa, nadador e escavador são evidentes, os tipos de fixação são escassos e os tipos de rede giratória quase não existem.

Em particular, as caddisflies giratórias constroem ninhos na superfície da pedra e colocam redes de captura. As suas presas são algas microscópicas que são transportadas pelo fluxo de água com as redes de captura. Por isso, precisam inevitavelmente de pedras e cascalho como base, e também é necessário um curso de água adequado. Assim, os fundos de pedra e cascalho nos rápidos são bons locais para os seus habitats. Quando uma grande proporção de caddisflies de rede está ocupada nos rápidos, esta comunidade constitui um clímax provisório nesse local (**Figura 12**).

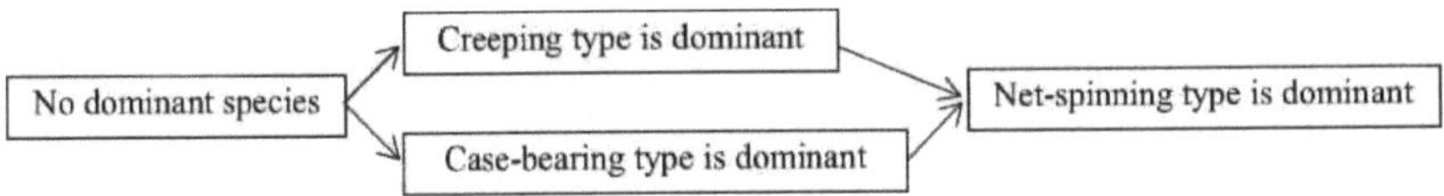

Figura de acompanhamento 12 Processo de sucessão

Do que precede, quando se discute a quantidade de macroinvertebrados do rio no Japão, compreende-se muito bem a importância dos caddisflies de rede. Num rio onde os macroinvertebrados são abundantes, *Stenopsyche marmorata* Navas e *Stenopsyche sauteri* Ulmer de Stenopsychidae ocupam uma posição importante.

No entanto, as espécies de Stenopsychidae não vivem na Europa e nos Estados Unidos. Por outro lado, as espécies de Hydropsychidae encontram-se aqui. Considera-se que esta seria a maior diferença entre as assembleias de macroinvertebrados do rio no Japão e as da Europa e dos Estados Unidos. Por conseguinte, quando comparo o rio da Europa e dos Estados Unidos com o do Japão, a biomassa (em peso) das assembleias de macroinvertebrados no Japão é provavelmente maior do que na Europa e nos Estados Unidos.

Entre as caddisflies que fiam em rede, as espécies de Hydropsychidae colocam as redes na superfície da pedra. Por outro lado, as espécies de Stenopsychidae colocam as redes não só na superfície da pedra, mas também entre pedra e pedra ou pedra e cascalho. As espécies de Stenopsychidae podem tirar partido de um nicho entre pedra e pedra ou pedra e cascalho, que não é utilizado por outros caddisflies que fazem redes. Além disso, este nicho é espacialmente amplo. O facto de as espécies de Stenopsychidae viverem ou não numa região significa que este nicho é utilizado ou não. E é possível encontrar uma diferença significativa na biomassa total das assembleias de macroinvertebrados. Parece que este nicho pode estar inativo no rio ocidental.

3-2-4 Discussão

Esperava-se que a temperatura da água aumentasse nos locais a jusante da barragem de Oishi no verão, porque as águas superficiais eram descarregadas durante o período de nível de água normal. Neste estudo, a diferença de temperatura entre os locais de estudo mostrou tendência para ser grande no verão, embora a temperatura no ponto 2 não tenha indicado um valor significativamente grande. Considerei que a temperatura da água era mais baixa porque a água no ponto 2 era constituída por uma descarga de entrada de um afluente e por uma descarga de saída de uma barragem.

A concentração de Chl. a e a concentração de matéria orgânica sestónica na água do rio dos locais a jusante foram maiores do que as dos locais a montante, com exceção da primavera. Além disso, a concentração de chl. a e a concentração de matéria orgânica sestónica na água do rio no local 2 aumentaram no verão, tendo-se observado um valor superior ao dos outros locais. Por outro lado, o peso de chl. a e o peso de matéria orgânica nos depósitos de superfície de pedra dos locais a jusante foram maiores do que os dos locais a montante, do verão para o inverno. No entanto, o peso de chl. a e o peso da matéria orgânica nos depósitos de superfície de pedra no local 2 não aumentaram no verão. A julgar pelo que precede, a razão pela qual as concentrações de matéria orgânica sestónica na água do rio dos locais a jusante foram maiores do que as dos locais a montante reflectiu-se na descamação e no escoamento dos depósitos de superfície de pedra. A razão pela qual a concentração de matéria orgânica sestónica no rio aumentou no local 2 no verão não teve influência na descamação e no escoamento dos depósitos de superfície de pedra, mas presume-se que se deva ao escoamento do fitoplâncton cultivado na albufeira da barragem.

A densidade de caddisflies de rede; *Stenopsyche marmorata*, *Stenopsyche sauteri* e Hydropsychidae dos locais a jusante foi maior do que a dos locais a montante. E a densidade de primeiros instares de *Stenopsyche* spp. era muito elevada no local 2 no verão. Considerou-se que o fitoplâncton fornecido pela albufeira da barragem se tornou um importante recurso alimentar para as larvas juvenis de *Stenopsyche* spp. A razão pela qual a densidade de caddisflies de rede dos locais a jusante foi maior do que a dos locais a montante deveu-se a vários factores, exceto a influência da barragem. No entanto, o efeito positivo para as larvas juvenis de *Stenopsyche* spp. do escoamento do fitoplâncton permitiu o aumento do número de indivíduos de caddisflies em rede nos locais a jusante.

Assim, no verão, o fitoplâncton era fornecido da albufeira da barragem para o rio a jusante, tendo sido sugerida a formação de um ecossistema próprio. É importante determinar o futuro plano de controlo da barragem depois de considerar o significado deste ecossistema próprio de vários pontos de vista. Por outras palavras, o ecossistema fluvial onde o número de indivíduos de *Stenopsyche* spp. é notável não é normal. Um verdadeiro ecossistema fluvial é constituído por várias espécies que vivem de igual modo. Quando o ecossistema fluvial se estabiliza, o tipo de vida dominante das assembleias de macroinvertebrados passa do tipo rastejante ou do tipo portador de caixa para o tipo de rede (Mizuno e Gose 1993; Tsuda 1962). No entanto, um ecossistema natural resiste à destruição por um cataclismo. Mesmo que seja construída uma barragem no rio a montante, deve ser aplicado um plano de controlo da barragem que preserve o mais possível o sistema ecológico natural. Em seguida, analiso as descargas de entrada e saída da barragem de Oishi durante uma década e sugiro as medidas de gestão da barragem no futuro.

Coluna 8 Cintura verde na barragem de Oishi

A sucursal da barragem de Oishi, Uetsu Office of Rivers and National Highways, Ministério da Terra, Infra-estruturas, Transportes e Turismo Hokuriku Regional Development Bureau homepage descreveu a cintura verde na barragem de Oishi da seguinte forma.

O nível da água foi reduzido em cerca de 30 m em preparação para uma inundação de meados de junho a finais de setembro na barragem de Oishi. Nessa altura, a planta está a crescer e a faixa verde aparece na barragem de Oishi de agosto a setembro. Quando a profundidade da água é baixa, o solo de ambas as margens da barragem de Oishi fica castanho até julho, tal como nas outras barragens. Este fenómeno atraiu a atenção de todo o país por ser um caso muito raro (**Figura 13**).

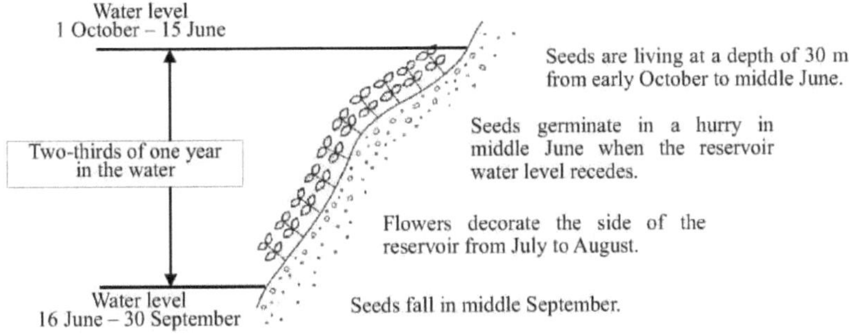

Figura de acompanhamento 13 Cintura verde na barragem de Oishi

3-2-5 Proposta de melhoria da ecologia fluvial a jusante da barragem de Oishi com base na análise dos procedimentos operacionais e da qualidade da água

3-2-5-1 Introdução

Matsui (2008) relatou que os Ephemeroptera e Plecoptera dominam as assembleias de macroinvertebrados a montante da barragem de Oishi, enquanto que nas assembleias a jusante prevalecem os Trichoptera, especialmente os caddisflies Stenopsyche. Como causa destes fenómenos, o fitoplâncton foi fornecido da barragem de Oishi para o rio a jusante no verão, tendo sido sugerida a formação de um ecossistema próprio.

O objetivo deste estudo é determinar porque é que o fitoplâncton se propagou no reservatório de Oishi. Analisei a mudança do regime do rio e a qualidade da água durante um longo período de tempo.

3-2-5-2 Métodos

Os dados foram retirados da base de dados do River Bureau, Ministério da Terra, Infra-estruturas, Transportes e Turismo (2002), juntamente com informações sobre a água da barragem de Oishi para o período 2003-2012. A análise calculou a taxa de renovação da água da albufeira e a taxa de alteração do regime do curso de água. Estes foram calculados da seguinte forma: taxa de renovação da água da albufeira = descarga total de entrada / armazenamento total da albufeira; taxa de alteração do regime do curso de água = (descarga de entrada - descarga de saída) / descarga de entrada.

Além disso, foram recolhidos dados sobre a qualidade da água para o período de 2008-2014 numa agência de controlo da barragem de Oishi. Os dados incluíam a temperatura da água, os afluentes e a clorofila a.

3-2-5-3 Resultados

3-2-5-3-1 Caudal de entrada, caudal de saída e armazenamento da albufeira

A descarga média mensal de saída foi maior do que a descarga de entrada de maio-junho e fevereiro-março (**Fig. 13**). O armazenamento médio mensal da albufeira diminuiu significativamente na época de cheias, de 16 de junho a 30 de setembro, e aumentou na época de não cheias, de 1 de outubro a 15 de junho (**Fig. 14**).

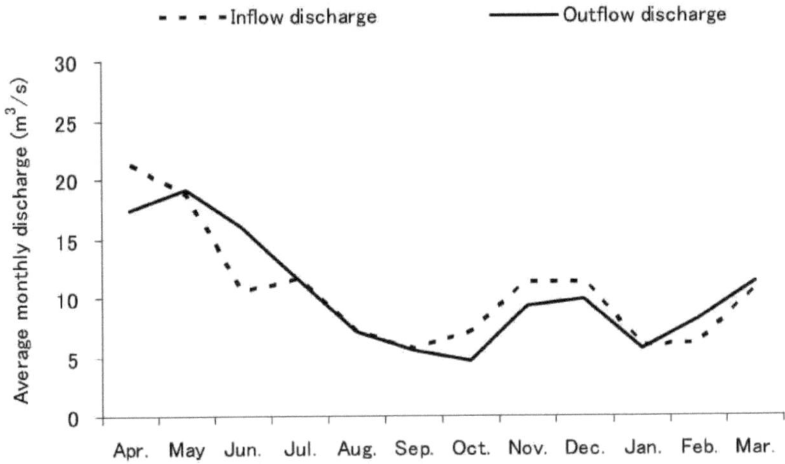

Fig. 13 Variação sazonal das descargas médias mensais de entrada e saída na barragem de Oishi (2003-2012)

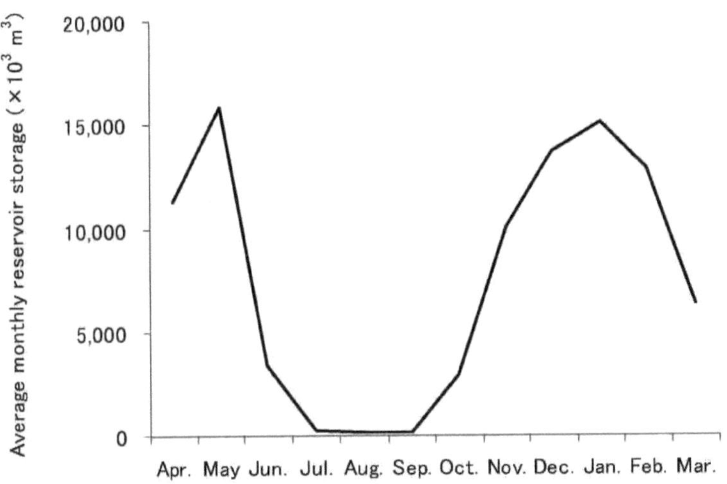

Fig. 14 Variação sazonal do armazenamento médio mensal da albufeira da barragem de Oishi (2003-2012)

3-2-5-3-2 Taxa de renovação da água da albufeira e taxa de alteração do regime dos cursos de água

A taxa média mensal de renovação de água da albufeira foi de cerca de 15 vezes por ano. Os valores máximos foram observados em abril, enquanto os valores mínimos foram observados em setembro e fevereiro (**Fig. 15**). A taxa média mensal de variação do regime das ribeiras teve os valores mais baixos em junho e fevereiro (**Fig. 16**). Isto deveu-se ao facto de a descarga de entrada não ter aumentado, apesar do aumento da descarga de saída em junho e fevereiro, devido à falta de chuva na região nessa altura.

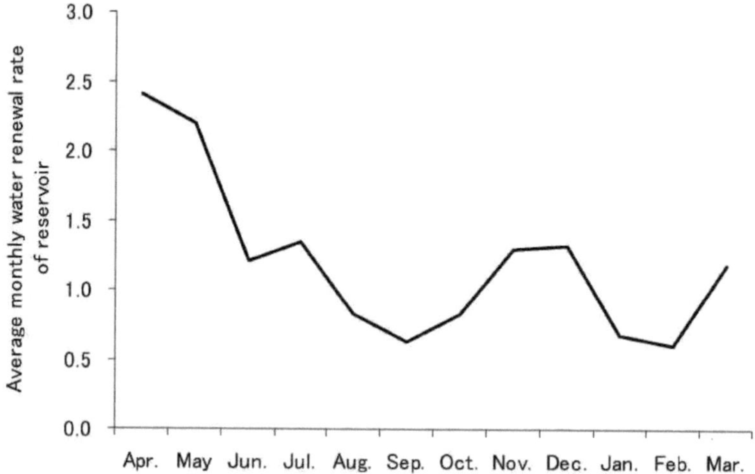

Fig. 15 Variação sazonal da taxa média mensal de renovação de água da albufeira da barragem de Oishi (2003-2012)

Taxa de renovação de água da albufeira = Descarga total de entrada / Armazenamento total da albufeira

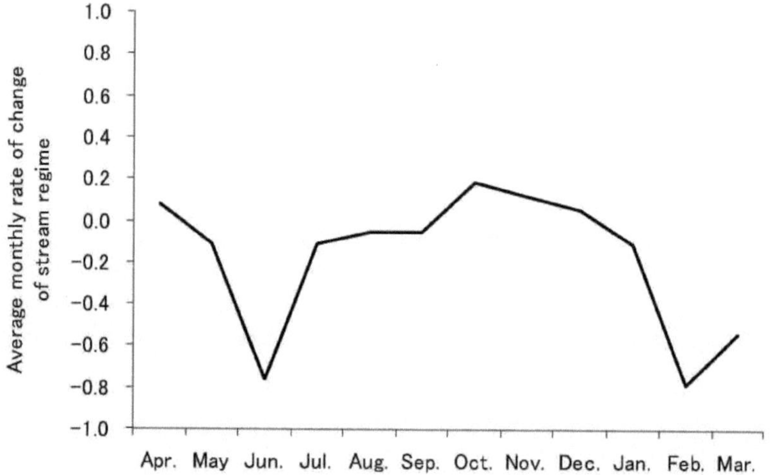

Fig. 16 Variação sazonal da taxa média mensal de variação do regime do curso de água na barragem de Oishi (2003-2012)

Taxa de alteração do regime do curso de água = (caudal de entrada - caudal de saída) / caudal de entrada

3-2-5-3-3 Qualidade da água dos rios afluentes e a jusante

A temperatura da água do rio a jusante tende a ser mais elevada do que a do rio de entrada. A diferença na temperatura da água foi grande no verão, mas pequena no inverno (**Fig. 17**). A turbidez do rio a jusante tende a ser mais elevada do que a do rio de entrada (**Fig. 18**).

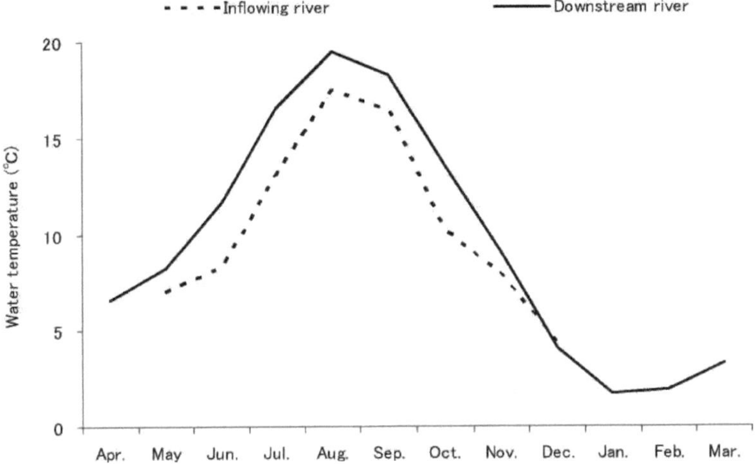

Fig. 17 Variação sazonal da temperatura da água dos rios a montante e a jusante da barragem de Oishi (2008-2014)

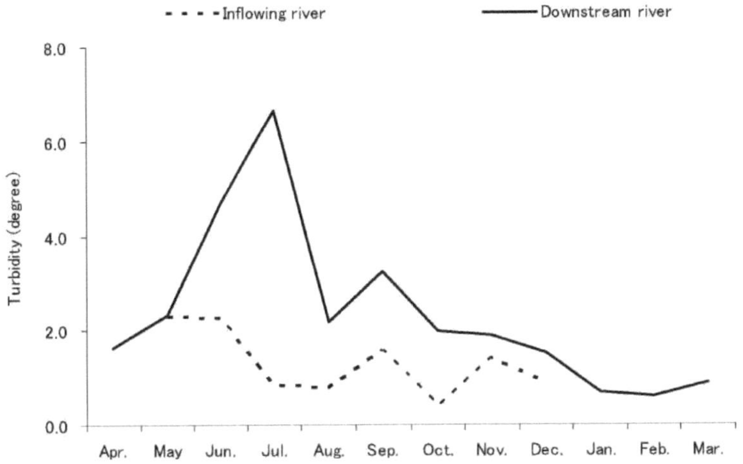

Fig. 18 Variação sazonal da turbidez dos rios a montante e a jusante da barragem de Oishi (2008-2014)

3-2-5-3-4 Qualidade da água das camadas superior, média e inferior da albufeira da barragem de Oishi

A temperatura da água da camada superior tende a ser mais elevada do que a das camadas média e inferior. A diferença na temperatura da água foi grande no verão e pequena no inverno (**Fig. 19**). Entretanto, a turbidez da camada superior era menor do que a das camadas média e inferior (**Fig. 20**). Além disso, a clorofila-a era maior na camada superior, em comparação com as outras duas camadas (**Fig. 21**).

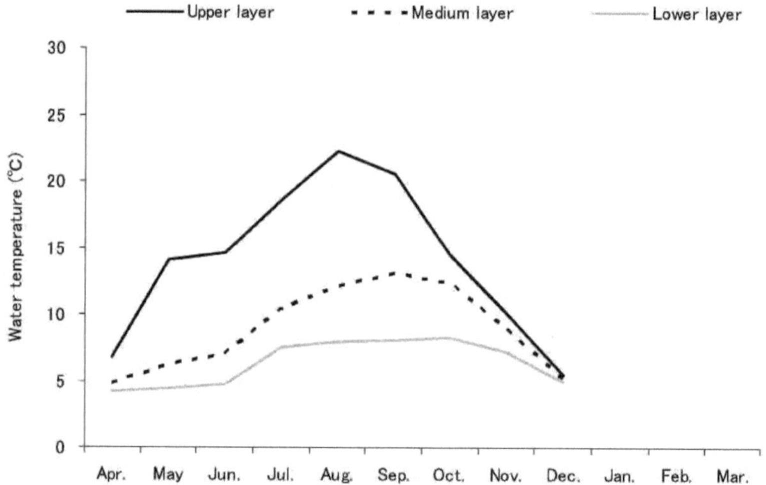

Fig. 19 Variação sazonal da temperatura da água nas camadas superior, média e inferior da barragem de Oishi (2008-2014)

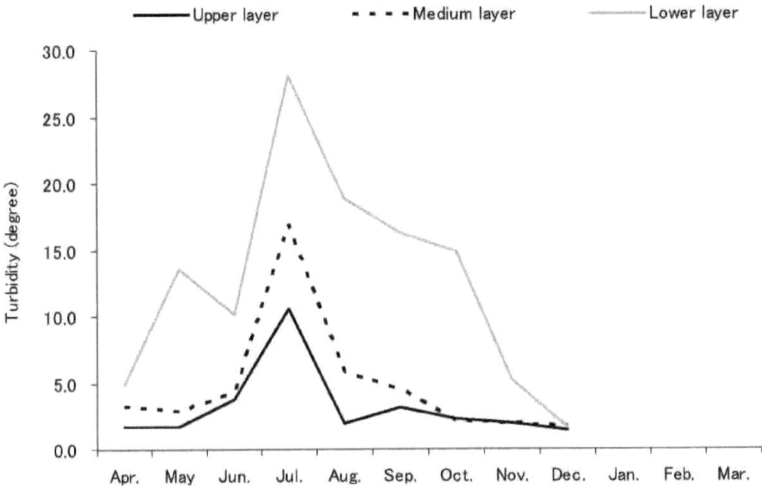

Fig. 20 Variação sazonal da turvação das camadas superior, média e inferior na barragem de Oishi (2008-2014)

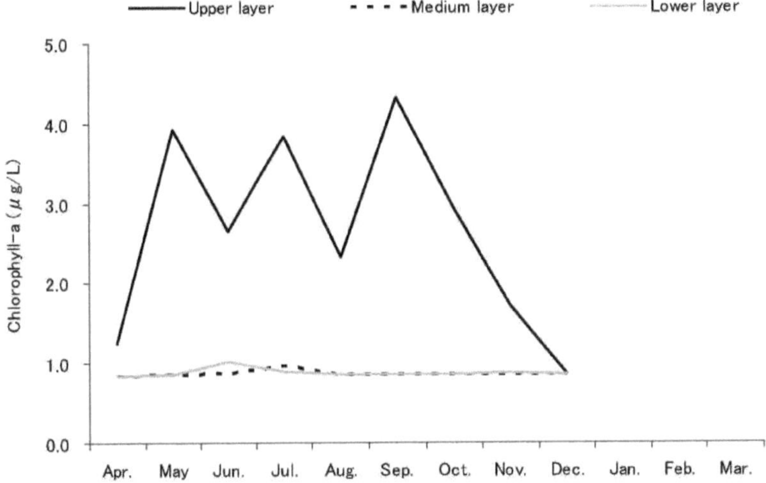

Fig. 21 Alteração sazonal da clorofila-a das camadas superior, média e inferior na barragem de Oishi (2008-2014)

3-2-5-4 Discussão

3-2-5-4-1 Relação entre a alteração do regime do curso de água e as comunidades de macroinvertebrados a jusante

A variação das descargas de entrada e de saída foi quase igual. No entanto, o caudal de saída excedeu o caudal de entrada entre maio-junho e fevereiro-março, a fim de controlar a água das cheias e do degelo. Como explicado acima, a estabilização da descarga não foi um problema. Por outro lado, se fosse cortado um caudal de entrada superior a 200 m^3 /s, a alteração resultante no regime do curso de água teria mais probabilidades de aumentar as espécies de caddisflies que giram em rede no local a jusante.

3-2-5-4-2 Relação entre a qualidade da água e os conjuntos de macroinvertebrados a jusante

Quando a temperatura da água da camada superior subia no verão, a clorofila-a na camada também aumentava. Isto significa que ocorreram grandes surtos de fitoplâncton na albufeira. Como a barragem de Oishi implementa um sistema de captação de águas superficiais, a temperatura da água era elevada e o fitoplâncton abundante no rio a jusante. Em consequência, a biomassa de caddisflies do rio a jusante era significativamente maior do que a do rio de entrada.

3-2-5-4-3 Melhorias na ecologia do rio a jusante

A razão pela qual a taxa média mensal de renovação de água da albufeira foi pequena em setembro foi o facto de as descargas de entrada terem diminuído com a diminuição da precipitação. Por conseguinte, era difícil aumentar a descarga de saída durante o mês de setembro. Por outro lado, a descarga de entrada foi comparativamente grande de abril a maio, durante a primavera. Assim, é possível aumentar a descarga de escoamento durante estes meses. Além disso, em fevereiro e maio, o armazenamento da albufeira deve ser reduzido para preparar o degelo e a época das cheias, respetivamente. Tendo em conta estes factores, uma maior quantidade de descargas de escoamento parece ser implementada de fevereiro a junho. No entanto, durante este período, o caudal médio mensal de entrada foi superior ao caudal de saída em abril. Por conseguinte, proponho que o caudal de saída seja superior ao atual em abril para melhorar a ecologia do rio a jusante da barragem de Oishi. Em especial, é bom encontrar formas de gerir a água, por exemplo, para poupar temporariamente e fazer um flash de uma só vez. Fujimura (2011) sugeriu que a descarga natural de reprodução de cheias fosse implementada de abril a junho na estação de degelo.

Quanto ao problema da eutrofização, são necessárias medições da qualidade da água durante o verão para verificar a inibição da deriva do fitoplâncton. Kagawa (1999) sugeriu medidas para atenuar as descontinuidades utilizando movimentos naturais da água e substâncias naturais. Recomendou o método de regulação do caudal e a aplicação de palha de cevada contra a eutrofização. No que diz respeito à barragem de Oishi, seria benéfico alterar o atual sistema de captação de águas superficiais para um sistema de captação selectiva. A aplicação de palha de cevada é um método pouco dispendioso e valeria a pena testar a sua eficácia. O método de arejamento é dispendioso e requer muito cuidado; por conseguinte, deve ser considerado como um último recurso.

Passaram trinta e oito anos desde a conclusão da barragem de Oishi. No futuro, será necessário reduzir os custos do ciclo de vida da barragem através de uma manutenção adequada. Matsui (2015) salientou que é provável que seja mais difícil controlar as melhorias do capital social quando a população do Japão começar a diminuir num futuro próximo. A aceitação da barragem como bem social dependerá não só do controlo das cheias e do abastecimento de água, mas também da conservação da natureza da albufeira e do rio a jusante.

Coluna 9 Gestão flexível da barragem

A Divisão do Ambiente Fluvial, Direção dos Serviços Fluviais, Ministério do Território, das Infra-estruturas, dos Transportes e do Turismo (2003) foi comunicada como segue para uma gestão flexível da barragem.

A gestão flexível é aplicada para preservar o ambiente fluvial a jusante no Japão. Trata-se de armazenar e descarregar água corrente através da utilização da capacidade de armazenamento de cheias. Divide-se, grosso modo, em "aumento da descarga do caudal de manutenção" e "descarga rápida" (**Figura 14**).

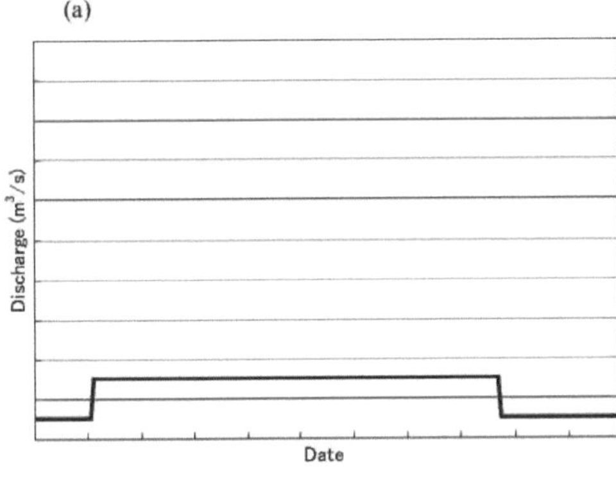

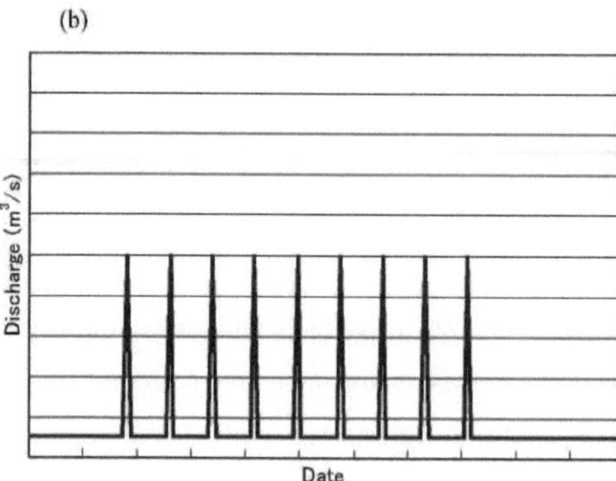

Figura 14 Vista em formato de quadro do padrão do efluente; (a) aumento da descarga do caudal de manutenção, (b) descarga rápida

O aumento da descarga do caudal de manutenção significa que o caudal é adicionado ao caudal de manutenção na regulação operacional. O caudal é pequeno e é uma descarga contínua em comparação com a descarga rápida. Trata-se de um padrão de descarga que é adotado para melhorar o habitat da comunidade aquática, a paisagem, etc.

Por outro lado, a descarga rápida significa que o caudal aumenta num curto espaço de tempo e assegura o poder de tração da corrente. É um padrão de descarga que é adotado com o objetivo de resolver os sedimentos do leito do rio e a estagnação por inundação artificial temporária.

A gestão flexível da barragem, implementada em 2012, está limitada a 23 barragens. A repartição consiste no aumento da descarga do caudal de manutenção em 16 barragens e na descarga rápida em 10 barragens. A barragem de Oishi também foi implementada para aumentar a descarga do caudal de manutenção desde 2004.

4 Resumo

A manipulação do nível da água no Lago Biwa e na barragem de Oishi teve uma variedade de efeitos na flora e na fauna da zona (**Quadro 9**).

Quadro 9 Efeitos da manipulação do nível da água na flora e na fauna do lago Biwa e da barragem de Oishi

	Flora	Fauna
Lago Biwa	Exuberância de macrófitas submersas (este relatório)	Diminuição dos ciprinídeos
Oishi Barragem	Formação da cintura verde	Aumento do número de caddisflies com rede (este relatório)

Esclareci os efeitos da barragem de Oishi sobre os grupos de macroinvertebrados a jusante. Para o efeito, realizei um levantamento de campo mensal num local a montante e em três locais a jusante da barragem no rio Oishi, de abril a dezembro de 1994. As assembleias de macroinvertebrados a montante eram dominadas por Ephemeroptera e Plecoptera, enquanto as assembleias a jusante eram dominadas por Trichoptera, especialmente caddisflies *Stenopsyche*. As espécies de caddisfly em rede eram mais abundantes nos locais a jusante do que nos locais a montante. A concentração de matéria orgânica sestónica na água do rio aumentou no verão no local a jusante que recebeu muita água diretamente da albufeira, provavelmente devido a uma grande quantidade de fitoplâncton à deriva. As larvas de instar inicial de *Stenopsyche* apresentaram uma densidade notavelmente elevada no verão neste local. O fitoplâncton originário da albufeira pode aumentar a população de *Stenopsyche* a jusante.

Por conseguinte, proponho que o caudal de saída seja superior ao atual em abril para melhorar a ecologia do rio a jusante da barragem de Oishi. Em especial, é bom conceber formas de gerir a água, por exemplo, para poupar temporariamente e para fazer chover de uma só vez. Além disso, sugiro que se altere o atual sistema de captação de águas superficiais para um sistema de captação selectiva, a fim de inibir a deriva de fitoplâncton no verão. A aplicação de palha de cevada é um método pouco dispendioso e valeria a pena testar a sua eficácia.

Revelei os efeitos do controlo do nível da água do Lago Biwa nas macrófitas submersas. Para o efeito, realizei um estudo de campo com amostragem em janeiro de 2009. Recolhi 9 espécies de macrófitas submersas durante a operação de mergulho. A recolha de amostras mostrou que as macrófitas submersas floresciam em ambas as margens do rio e não floresciam na parte central do rio. As espécies alóctones, *Egeria densa* e *Elodea nuttallii*, foram recolhidas em todas as linhas de prospeção, enquanto as espécies domésticas, *Ceratophyllum demersum, Myriophyllum spicatum, Hydrilla verticillata, Vallisneria biwaensis, Vallisneria denseserrulata, Potamogeton maackianus* e *Potamogeton malaianus*, foram recolhidas em grandes quantidades nas linhas de prospeção perto do Lago Biwa. A espécie dominante em solo coeso ou solo fino foi a *Egeria densa*, enquanto a espécie dominante em cascalho arenoso foi o *Potamogeton maackianus*. Embora *a Egeria densa* também tenha sido recolhida em cascalho arenoso, *o Potamogeton maackianus* não foi recolhido em solo coeso ou solo fino, o que indica que *a Egeria densa* tem uma fertilidade elevada e pode sobreviver num ambiente pobre em oxigénio, enquanto *o Potamogeton maackianus* não pode sobreviver num ambiente pobre em oxigénio.

Em resultado do Plano de Desenvolvimento Global do Lago Biwa, a manipulação artificial do nível da água é utilizada para criar uma descida de 20-30 cm de 15 de junho a 15 de outubro. Devido a esta manipulação, uma grande quantidade de luz solar chega ao fundo e as macrófitas submersas prosperam no verão. Além disso, o sedimento do fundo não é refrescado no rio Seta porque a flutuação do caudal é atenuada. Assim, as espécies nativas não podem florescer e as espécies exóticas são dominadas no ponto em que o sedimento de fundo é solo coeso ou solo fino.

Por conseguinte, é desejável alterar esta manipulação artificial do nível da água para controlar a exuberância das macrófitas submersas. Por exemplo, é preferível adiar o período de descida da água de 15 de junho para 15 de julho, não só para controlar o crescimento excessivo de macrófitas submersas no início do verão, mas também para conservar a desova dos peixes. Quando as macrófitas submersas estão em quantidade suficiente, a velocidade do caudal no rio Seta é grande. O sedimento de fundo das macrófitas submersas é refrescado pelo caudal e, consequentemente, a biomassa das macrófitas submersas será mantida de forma adequada.

Além disso, posso pensar que a proposta também se aplica ao lago artificial, como a barragem de Oishi. O nível da água na maior parte do lago artificial é geralmente reduzido em preparação para a época das cheias. Consequentemente, estima-se que o habitat dos peixes na albufeira da barragem varie significativamente. Especificamente, o impacto é o seguinte: os peixes correm para os rios de entrada. Por exemplo, considera-se que o local de desova dos peixes ciprinídeos entre a primavera e o verão diminui. Assim, os peixes salmonídeos, cuja época de desova é o outono, serão forçados a subir para os rios de entrada na época em que não querem subir originalmente. De qualquer modo, o estudo da influência da manipulação do nível da água na ecologia dos peixes é uma tarefa de investigação futura.

O estudo da vegetação emergente está a decorrer no lago Kasumigaura, bem como no lago Biwa. De acordo com os resultados, a vegetação emergente foi reduzida pela operação do nível da água, ao contrário do Lago Biwa. A razão para tal deve-se ao facto de se ter perdido o rebaixamento na primavera (Nishihiro 2011). O objetivo da investigação futura é verificar se o mesmo fenómeno se verifica no lago Biwa.

Como o funcionamento do nível da água é comum aos lagos naturais e aos lagos artificiais, as minhas propostas resumem-se ao seguinte: 1) adiar o período de redução do nível da água de 15 de junho para 15 de julho, 2) aumentar o caudal de saída em abril. Por outro lado, pode dizer-se que os resultados inesperados acontecem quando o homem opera artificialmente o nível da água. É necessário operar o nível da água para utilização da água e controlo das cheias, mas tenho de aplicar métodos de operação que não alterem o ecossistema da natureza. Se as anomalias forem confirmadas, tenho de procurar a sua causa e planear a sua melhoria. Trata-se de uma gestão adaptativa. Poderá a geração jovem trabalhar para a recuperação do ambiente no lago Biwa e no lago Kasumigaura e para a melhoria da ecologia do rio a jusante da barragem a partir de agora? E temos de conservar o ambiente natural para sempre.

Finalmente

Não sei se a minha sugestão mostra os efeitos que são previsíveis. Penso que um estudo pode contribuir para a sociedade real, inspeccionando e melhorando. Embora, portanto, eu sirva uma empresa privada local, não construí e monitorizei a minha proposta.

As pessoas que leram o meu livro até aqui podem dizer que não há problema em cooperar com a minha sugestão. Gostaria de estudar em conjunto e encontrar novos conhecimentos que sejam benéficos para a humanidade. Atualmente, estou a trabalhar na investigação como um trabalho de vida. É desejável preservar o ambiente local para que haja mais esforços civis na investigação como cientistas cidadãos.

Referências

Adachi T, Takahashi K (1996) The influence of dam operation upon the river bed and the benthos community in the lower stream and problems about environmental impact assessment (em japonês com resumo em inglês). Investigação de Sistemas Ambientais 24: 336-342

Conselho de Investigação sobre Agricultura, Florestas e Pescas (1986) Revised standard soil color charts (em japonês). Japan Color Enterprise Co., Ltd., Tóquio

Aoya K, Yokoyama N (1987) Ciclo de vida de duas espécies de *Stenopsyche* (Trichoptera: Stenopsychidae) no distrito de Tohoku (em japonês com resumo em inglês). Jornal Japonês de Limnologia 48: 41-53

Delegação da barragem de Oishi, Gabinete de Rios e Auto-estradas Nacionais de Uetsu, página principal do Gabinete de Desenvolvimento Regional de Hokuriku do Ministério do Território, Infra-estruturas, Transportes e Turismo: Panfleto sobre a barragem de Oishi (em japonês).

http://www.hrr.mlit.go.jp/uetsu/contents/dam/ooishi/pamphlet.pdf#12488; .pdf Acedido em 21 de dezembro de 2015

Dambacher Jeffrey M (2001) Dam breaching and Chinook Salmon recovery. Ciência 291: 939

Emura Y, Tamai N, Matsuzaki H (1997) A study of ecological flushing discharge and an improvement scheme of river regime by reservoir operation (em japonês com resumo em inglês). Sistemas Ambientais

Investigação 25: 415-420

Agência do Ambiente (1988) Bottom sediment survey method (em japonês).

Agência do Ambiente, Tóquio

Divisão de Avaliação do Impacto Ambiental, Gabinete de Planeamento e Coordenação, Agência do Ambiente (1996) Environmental impact assessment system research meeting technical committee related documents (em japonês). Agência do Ambiente, Tóquio

Fujimura M (2011) Uma experiência para a restauração do rio Managawa com o controlo da barragem de Managawa (em japonês). Rio 67: 41-46

Furuya Y (1998) Downstream distribution and annual changes in densities of net-spinning

Trichoptera (Hydropsychidae and Stenopsychidae) in the Yoshino River, Shikoku, Japan, with special reference to the colonization of Macrostemum radiatum Mclachlan (Trichoptera: Hydropsychidae) (em japonês com resumo em inglês). Jornal Japonês de Limnologia 48: 41-53

Goodwin Andrew R, Politano Marcela, Garvin Justin W, Nestler John M, Hay Duncan, Anderson James J, Weber Larry J, Dimperio Eric, Smith David L, Timko Mark (2014) A navegação de peixes em grandes barragens emerge da sua modulação da experiência de campo de fluxo. Actas da Academia Nacional das Ciências dos Estados Unidos da América 111: 5277-5282

Gregory Stan, Li Hiram, Li Judy (2002) The concetual basis for ecological responses to dam removal. Bioscience 52: 713-723

Haga H, Ohtsuka T, Matsuda M, Ashiya M (2006) Spatial distributions of biomass and species composition in submerged macrophytes in the southern basin of Lake Biwa in summer of 2002 (em japonês com resumo em inglês). Jornal Japonês de Limnologia 67: 69-79

Hart David D, Johnson Thomas E, Bushaw-Newton Karen L, Horwitz Richard J, Bednarek Angela T, Charles Donald F, Kreeger Daniel A, Velinsky David J (2002) Dam removal: Challenges and opportunities for ecological research and river restoration. Bioscience 52: 669-681

Hart David D, Poff Leroy N (2002) A special section on dam removal and river restoration. Bioscience 52: 653-655

Hilborn Ray (2013) Influências do oceano e das barragens na sobrevivência do salmão. Actas da Academia Nacional de Ciências dos Estados Unidos da América 110: 6618-6619

Humborg Christoph, Ittekkot Venugopalan, Cociasu Adriana, Bodungen Bodo v (1997) Effect of Danube River dam on Black Sea biogeochemistry and ecosystem structure. Natureza 386: 385-388

Jackson Jeremy BC, Kirby Michael X, Berger Wolfgang H, Bjorndal Karen A, Botsford Louis W, Bourque Bruce J, Bradbury Roger H, Cooke Richard, Erlandson Jon, Estes James A, Hughes Terence P, Kidwell Susan, Lange Carina B, Lenihan Hunter S, Pandolfi John M, Peterson Charles H, Steneck Robert S, Tegner Mia J, Warner Robert R (2001) Historical overfishing and the recent collapse of coastal ecosystems. Science 293:

629-637

Kadono Y (1989) Aquatic Plants of Shiga, Illustrated Handbook (em japonês). Editado pelo Comité de Investigação de Materiais de Ensino Científico de Shiga, 1-56, Shingakusha Co., Ltd., Quioto

Kagawa H (1999) Changes in river water quality by impoundment as the cause of discontinuity in the river continuum (em japonês com resumo em inglês). Ecologia e Engenharia Civil 2: 141-151

Kareiva Peter, Marvier Michelle, McClure Michelle (2000) Recovery and management options for spring/summer Chinook Salmon in the Columbia River basin. Science 290: 977-979

Kawai T (1985) An Illustrated Book of Aquatic Insects of Japan (em japonês). Imprensa da Universidade de Tokai, Tóquio

Kawai T, Tanida K (2005) Aquatic Insects of Japan: Manual with Keys and Illustrations (em japonês). Imprensa da Universidade de Tokai, Kanagawa

Conselho de coordenação de ligação para a preservação integral do Lago Biwa (2012) Iniciativas de preservação integral do Lago Biwa Legando um Lago Biwa limpo às gerações futuras - Procurando uma coexistência harmoniosa com o ecossistema do lago -.

http://www.mlit.go.jp/common/001041797.pdf Acedido em 28 de janeiro de 2016

Guia Web do Museu do Lago Biwa (em japonês).

http://www.lbm.go.jp/emuseum/zukan/gairai/data/ookanadamo.html Acedido em 28 de janeiro de 2016

Mann Charles C, Plummer Mark L (2000) Can science rescue salmon? A Ciência

289: 716-719

Matsui A (2008) Effects of Oishi dam (Sekikawa Village, Niigata Prefecture, Japan) on downstream macroinvertebrate assemblages with particular focus on net-spinning caddisflies (em japonês com resumo em inglês). Ecologia e Engenharia Civil 11: 175-182

Matsui A (2014) Relação entre a distribuição e o sedimento de fundo das macrófitas submersas no rio Seta, Prefeitura de Shiga, Japão. Engenharia paisagística e ecológica 10: 109-113

Matsui A (2015) What it takes to practice better social capital improvement (em japonês com resumo em inglês). Ecologia e Engenharia Civil 17: 105-108

Minagawa T, Shimizu T, Shimatani Y (2000) An experimental study on the influence to river life by flow variation (em japonês com resumo em inglês). Avanços em Engenharia Fluvial 6: 191-196

Ministério da Construção (1987) Seta River Weir. Ministério da Construção, Tóquio

Mizuno N, Gose K (1993) Ecologia dos rios (em japonês). TSUKIJI SHOKAN PUBLISHING CO., LTD., Tóquio

Morishita I (2001) Considerações sobre a conservação do ecossistema (em japonês). Transcrição do seminário regional no ano fiscal de 2001, A harmonia com o ambiente no projeto de agricultura e desenvolvimento rural,

Editado pelo Instituto Japonês de Irrigação e Drenagem, 113-138, Instituto Japonês de Irrigação e Drenagem, Tóquio

Nishihiro J (2011) Effects of lake water-level control on lakeshore plant regeneration (em japonês com resumo em inglês). Jornal Japonês de Ecologia da Conservação 16: 139-148

Ohtsuki K, Kitamura N, Nihei Y, Ishiga H, Minagawa T, Shimatani Y (2012) Estudo do transporte e deposição de sedimentos no rio Kuma e na planície de maré para avaliação do impacto ambiental associado à remoção da barragem de Arase (em japonês com resumo em inglês). Jornal da Sociedade Japonesa de Engenharia Civil B2 68: I_1071-I_1075

Okuma T (1999) Connection with the river and the people (em japonês). A 10th anniversary symposium book of natural environment restoration association, Edited by Yokohama Environmental Science Research Institute, 92-95, Natural Environment Restoration Association, Shizuoka

Osugi T, Fukuda K, Izumida T (2000a) Influence of flow regime modification during the first filling water on benthic communities in downstream of a dam (in Japanese with English Abstract). Avanços em Engenharia Fluvial 6: 179-184

Osugi T, Ozawa T, Ogasawara T, Sumi T (2000b) Study on the tractive effect on river bed by flushing flows (em japonês com resumo em inglês). Avanços em Engenharia Fluvial 6: 185-190

Pizzuto Jim (2002) Effects of dam removal on river form and process.

Bioscience 52: 683-691

Poff LeRoy N, Allan David J, Bain Mark B, Karr James R, Prestegaard Karen L, Richter Brian D, Sparks Richard E, Stromberg Julie C (1997) The natural flow regime. Um paradigma para a conservação e recuperação de rios. Bioscience 47: 769-784

Rechisky Erin L, Welch David W, Porter Aswea D, Jacobs-Scott Melinda C, Winchell Paul M (2013) Influência da passagem por barragens múltiplas na sobrevivência de juvenis de salmão Chinook no estuário do rio Columbia e no oceano costeiro. Actas da Academia Nacional de Ciências dos Estados Unidos da América 110: 6883-6888

River Bureau, Ministério da Terra, Infra-estruturas, Transportes e Turismo (2002) Water Information System (em japonês). http://www1.river.go.jp/ Acesso em 11 de janeiro de 2016

River Environment Division, River Bureau, Ministério da Terra, Infra-estruturas, Transportes e Turismo (2003) Guidance of flexible management testing of the dam (draft) (em japonês). http://www.mlit.go.jp/river/shishin_guideline/dam5/pdf/danryokukanri_te biki.pdf Acedido em 11 de janeiro de 2016

Rood Stewart B, Gourley Chad R, Ammon Elisabeth M, Heki Lisa G, Klotz Jonathan R, Morrison Michael L, Mosley Dan, Scoppettone Gary G, Swanson Sherman, Wagner Paul L (2003) Flows for floodplain forest: A successful riparian restoration. Bioscience 53: 647-656

Shafroth Patrick B, Friedman Jonathan M, Auble Gregor T, Scotto Michael L, Braatne Jeffrey H. (2002) Potential responses of riparian vegetation to dam removal. Bioscience 52: 703-712

Prefeitura de Shiga (2013) Medidas de controlo das algas no Lago Biwa (em japonês).

https://www.pref.shiga.lg.jp/d/biwako/files/h25mizukusataisakujigyou.pdf Acedido em 28 de janeiro de 2016

Shirakawa N (2006) Downstream effects of reservoirs on flood pulses in Japan (em japonês com resumo em inglês). Jornal de Hidrosciência e Engenharia Hidráulica 50: 1255-1260

Stanly Emily H, Doyle Martin W (2002) A geomorphic perspective on nutrient retention following dam removal. Bioscience 52: 693-701

Tanida K, Takemon Y (1999) Effects of dams on benthic animals in streams and rivers (em japonês com resumo em inglês). Ecologia e Engenharia Civil 2: 153-164

Tazaki K, Nawatani N, Kunimine Y, Morikawa T, Nagura T, Wakimoto R, Asada R, Watanabe H, Nagai K, Ikeda Y, Sato K, Segawa H, Miyata K (2002) Sediment characteristics of Dashidaira Dam Reservoir at Kurobe River and Toyama Bay, and flushed suspension impacts on fishes (em japonês com resumo em inglês). Jornal da Sociedade Geológica do Japão 108: 435-452

Tazaki K, Sato M, Vander Gaast S, Morikawa T (2003) Effects of clay-rich river dam sediments on downstream fish and plant life. Clay Minerals 38: 243-253

Página inicial da Fundação de Barragens do Japão: Barragens no Japão (em japonês). http://damnet.or.jp/Dambinran/binran/TopIndex_en.html Acedido em 21 de dezembro de 2015

Travis Joseph, Coleman Felicia C, Auster Peter J, Cury Philippe M, Estes James A, Orensanz Jose, Peterson Charles H, Power Marry E, Steneck Robert S, Wootton Timothy J (2014) Integrar o tecido invisível da natureza na gestão das pescas. Actas da Academia Nacional das Ciências dos Estados Unidos da América 111: 581-584

Tsuda M (1962) Aquatic entomology (em japonês). Hokuryukan & NEW SCIENCE co., ltd., Tóquio

Tsujimoto T, Masuda K, Teramoto A, Tashiro T (1999) Degeneração da aptidão do habitat na zona a jusante de uma barragem durante o enchimento da albufeira e a sua recuperação por descarga (em japonês com resumo em inglês). Avanços em Engenharia Fluvial 5: 81-86

Yajima H, Kikkawa S, Ishiguro J (2006) Effect of selective withdrawal system operation on the long and short term water conservation in a reservoir (em japonês com resumo em inglês). Revista Anual de Engenharia Hidráulica 50: 1375-1380

Yamamoto T, Kohmatsu Y, Yuma M (2006) Effects of summer drawdown on cyprinid fish larvae in Lake Biwa. Sociedade Japonesa de Limnologia 7: 75-82

Yarrow Matthew, Victor Marin H., Finlayson Max, Tironi Antonio, Luisa Delgado E., Fischer Fernanda (2009) A ecologia de Egeria densa Planchon (Liliopsida: Alismatales): Uma engenheira de ecossistemas de zonas húmidas? Revista Chilena de Historia Natural 82: 299-313

Yasuda M, Shimizu Y, Takemoto T (1998) A study on role of fluctuation in river discharge in forming river environment (em japonês com resumo em inglês). Investigação de Sistemas

Ambientais 26: 77-84

Water Resources Environment Center (1994) Environmental research by the waterside (em japonês). GIHODO SHUPPAN Co., Ltd., Tóquio

Sobre o autor

Akira Matsui

1972 Nascido

1995 Licenciatura da Faculdade de Educação da Universidade de Niigata

2004 Escola Superior de Ciências da Vida e do Ambiente, Universidade de Tsukuba Concluído, Dr. (Agricultura, Universidade de Tsukuba)

Depois disso, sou Dr. Research Fellow na Universidade de Tsukuba, através de professor do ensino básico e secundário, trabalhando atualmente na Keifuku Consultant Co. Ltd. A minha especialidade é o estudo da engenharia ecológica nos arrozais e rios. Atualmente, vivo na cidade de Obama e trabalho na conservação do ecossistema natural da região. A minha especialidade é o estudo da engenharia ecológica nos arrozais, rios e barragens a jusante. Além disso, estou a estudar os ecossistemas florestais, marinhos, lacustres e o planeamento urbano e rural.

Um endereço eletrónico de contacto: matsuiakira1972@yahoo.co.jp

yes

I want morebooks!

Buy your books fast and straightforward online - at one of world's fastest growing online book stores! Environmentally sound due to Print-on-Demand technologies.

Buy your books online at
www.morebooks.shop

Compre os seus livros mais rápido e diretamente na internet, em uma das livrarias on-line com o maior crescimento no mundo! Produção que protege o meio ambiente através das tecnologias de impressão sob demanda.

Compre os seus livros on-line em
www.morebooks.shop

info@omniscriptum.com
www.omniscriptum.com

Printed by Books on Demand GmbH, Norderstedt / Germany